열대 태평양, 과학으로 답하다

푸른행성지구
시리즈

열대 태평양,
과학으로
답하다

남성현 · 윤진희 지음

이담
Books

프롤로그

이번에는 뜨거운 태양에너지가 그대로 흡수되어 지구상에서 가장 열 받았다는 그곳, 바로 열대 바다의 이야기이다. 뜨거운 바다는 대기를 가열할 뿐 아니라 증발을 통해 더 많은 구름을 만들고, 대기와 함께 순환하며 지구의 기후를 조절하게 된다. 그래서 적도 부근의 열대 지역은 대기와 해양이 매우 밀접하게 상호작용하는 곳이기도 하다. 바로 대기 및 기후와 가장 밀접하게 연결되어 있는 열대 바다, 그중에서도 제일 넓은 영역을 차지하며 엘니뇨와 남방진동으로 비교적 친숙한 열대 태평양에 대한 소개를 푸른행성지구 시리즈의 다섯 번째 이야기로 풀어내리라 다짐했다.

혹자는 이런 질문들을 한다. 열대 태평양에서 벌어지는 일이 한반도에 사는 우리와 무슨 상관이란 말인가. 열대 태평양에서 물고기도 안 잡고 해변으로 놀러 다니는 것도 아닌데 열대 태평양의 일이 내 일상과 무슨 상관이랴. 미국이나 일본도 아니고 아시아 대륙에 붙어사는 우리가 왜 열대 태평양 속에서 벌어지는 일들에까지 관심을 가져야 한단 말인가.

그러나 조금만 깊이 생각해 보면 이런 질문들은 스스로가 얼마나 좁은 시

야에 사로잡힌 상태인지를 드러내는 것에 불과함을 알 수 있다. 오늘날에는 지구촌이라는 말이 무색할 정도로 세계가 하나로 연결되어 있다. 경제적으로도 한 나라에서 일어나는 경제 위기가 남의 나라 불구경이 될 수 없음은 이미 분명한 사실이 되었다. 자연재해는 어떠한가. 동일본 지진으로 큰 피해를 입은 후쿠시마 원자력 발전소로부터 유출된 방사능에 대한 공포는 일본에만 국한된 일이 아니다. 기후변화와 기후변동으로 곳곳에서 발생하는 기상이변은 더 이상 이변이 아닐 정도로 계속해서 나타나고 있으며, 기후와 자연재해 등으로 들썩이는 곡물가와 유가, 환율 등의 경제지표 등에 무신경할 수 있는 나라가 없다는 점이 바로 국제화된 오늘날의 현실인 것이다.

그렇다면 과연 한반도에 살면서 태양에너지를 많이 흡수하여 수온이 가장 높다는 열대 태평양의 고온수역(warm pool)이 어떻게 분포하고, 어떻게 움직이며, 또 어떻게 소멸해 가는지 정말 무지해도 괜찮은 것일까. 고온의 바다 표층에서 그 에너지를 공급받아 생성되는 태풍이 언제 어떻게 생겨나고 어떤 특성을 보이며 어떻게 이동할지 전혀 모르고 살아도 괜찮은 것인가. 물론 아니다. 열대 태평양 바다 속에서 벌어지는 과학적 현상들은 실제로 주변 섬나라뿐만 아니라 중위도의 한반도에 사는 우리 생활과도 무관한 일이 아닌 것이다.

더구나 과학은 단순히 '경제' 발전을 위한 도구에 불과한 것이 아니다. 오늘날 '과학' 교육이 중요해진 것은 단지 과학 그 자체로서, 필요성뿐만 아니라 '올바른 과학 정신'에 대해 교육하는 일 역시 중요해졌기 때문이다. 많은 사회 문제들도 과학기술적 요소를 포함하고 있기 때문에 구체적인 과학 지식을 많이 가르치는 것보다는 과학 지식이 객관적으로 얻어지는 과정과 그 사고방식을 가르치는 일이 더욱 중요하다는 것이다. 과학기술을 그저 해당 전문가들이 하는 것으로 인식할 것이 아니라 우리 삶 속에 과학적 사고와 과학 정신이 어떻게 깃들 수 있는지 생각해 볼 필요가 있다.

열대 태평양에서 발견된 수많은 과학적 발견들과 의미 있는 연구 활동, 그리고 여러 노력들에도 불구하고 저자들의 제한된 경험과 수집 가능한 정보에만 의존하여 이 책에는 극히 일부만을 담을 수밖에 없었다. 그러나 열대 태평양에서 발견된 단순한 과학적 '지식'을 넘어 그러한 지식을 얻기 위한 해양학자들의 활동과 새로운 과학적 발견의 과정, 그리고 사고방식을 통해 우리의 과학정신 함양에 작게나마 보탬이 될 수 있다면 저자들은 그것으로 충분하다고 생각한다. 조금 더 욕심을 내어 한반도에 사는 우리의 생활과도 무관하지 않은 열대 태평양의 과학적 발견들이 기후와 자연재해, 자원고갈과 환경오염 등의 전 지구적 문제를 풀어내는 단초나마 제공할 수 있기를 기대해 본다. 이 책이 세상에 나올 수 있도록 현장에서 열대 태평양 연구를 수행하고 계신 모든 과학자들께 깊이 감사드린다.

Contents....

Part **1**

열대 태평양

PART 1. 열대 태평양

"무엇인가를 새로 만들어낼 수 있는 사람은 특별한 존재이다
(If you would create something, you must be something)."
- 요한 볼프강 본 괴테(Johann Wolfgang Von Goethe)

열대의 정의

열대란 적도를 중심으로 남북 회귀선(23.26 ˚N-23.26 ˚S) 사이에 있는 지역 또는 해역을 말하며 연평균 기온이 높고 강수량이 많은 것이 특징이다. 연중 내내 태양고도가 중위도에 비해 높기 때문에 가장 많은 태양열을 받아들여 해수 온도가 중위도/고위도 지역에 비해 높다. 해양과 대기의 순환에 따라 공간적인 차이가 다소 발생하지만 평균적인 관점에서는 가장 따뜻한 해역이라고 할 수 있다. 열대와 중위도 사이의 기온 차이는 남북 방향의 대기 순환을 발생시키는데, 이를 해들리순환(Hadley Circulation)이라 부르며 적도에서 상승한 기류가 상층대기에서 중위도로 이동하고 북위/남위 30도 부근에서 하강, 표층에서는 중위도에서 적도 방향으로 기류가 발생하는 순환을 말한다. 북반구(남반구)의 경우, 북위 30도(남위 30도) 부근에서 적도를 향하는 북풍(남풍)이 발생되고 지구 자전 효과에 의해 바람 방향의 오른쪽(왼쪽)으로 힘을 받게 되어 실제는 북풍(남풍)이 아니라 북동풍(남동풍)이 불게 된다. 이와 같은 이유로 서풍이 부는 중위도와 다르게, 열대 지역에서는 전반적으로 동풍이 우세하게 나타나며 이를 무역풍(trade wind)이라고 부른다(그림 1-1).

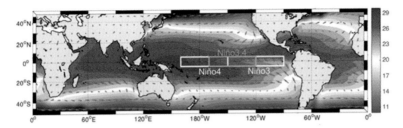

그림 1-1. 1971~2000년의 평균 해양 표층수온(색)과 해상의 표층바람 벡터(화살표). 열대 해역에서는 동쪽에서 서쪽으로 부는 동풍인 무역풍이 우세하다.

열대의 특성

열대 해양은 지구 환경에서 가장 중요한 해역 중 하나이다. 그 이유는 전 지구적으로 가장 많은 열을 품고 있기 때문이다. 열대의 약 60% 가량이

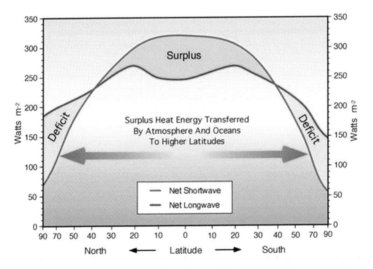

그림 1-2. 위도에 따른 태양에너지 분포[1]. 열대는 태양에너지의 흡수가 방출보다 많아 남는 열에너지는 해양과 대기를 통해 열에너지가 부족한 중위도와 고위도로 공급된다.

1) Pidwirny, M. (2013). Energy balance of Earth. Retrieved from http://www.eoearth.org/view/article/152458

육지에 비해 열용량이 높은 바다로 이루어져 있으며 낮은 위도로 인해 태양열을 많이 흡수해서 수온이 높기 때문이다. 적도의 남는 열은 바다와 대기의 운동에 의해 중위도나 고위도에 공급된다(그림 1-2). 그렇기 때문에 열대 바다의 변화는 전 지구 기후에서 매우 중요한 역할을 하게 된다.

특히 열대 바다는 높은 온도로 인해 다른 해역에 비해 능동적인 특성을 보인다. 중위도 해역에서 대기에 의한 순환과 변동이 뚜렷한 반면, 열대 해역에서는 대기의 흐름을 유도하는 능동적 특성이 나타난다. 열대 태평양에서의 강수는 해표면 수온에 비례하여 급격히 증가하지만 북태평양에서는 수온과 강수량 사이에 뚜렷한 상관성을 보이지 않는다(그림 1-3). 이는 중위도에서 표층 수온보다는 대규모 대기 운동에 의해 강수량이 좌우되는 반면, 열대에서는 높은 표층 수온에 의한 강수 발생이 우세한 기작이기 때문이다. 예를 들어, 수온이 높은 열대 서태평양 해역은 강수 활동이 활발하며 강한 상승 운동이 발생하고 표층에서는 주변에서 서태평양을 향해 수렴하는 대기 흐름을 유도한다. 상승 운동으로 인해 다량의 수증기가 대기에 유입되고 수증기가 중층 대기에서 응결하면서 잠열을 대기에 공급하게 되어 대기 운동의 에너지원이 된다. 또한 열대 해역에서 발생하는 태풍/허리케인[2] 역시 좋은 예이다. 태풍/허리케인은 해표면 수온이 27°C 이상인 고온의 해역에서 발생하는 강한 증발열을 에너지원으로 한다. 이런 이유로 대부분의 태풍/허리케인이 열대 서태평양(동태평양/서대서양)에서 발생하여 중위도로 이동하게 된다.

---

2) 태풍과 허리케인은 일반적으로 같은 현상을 말하지만 서태평양에 있는 경우에 태풍이라고 부르고 동태평양이나 대서양에 있는 경우에 허리케인이라고 부른다.

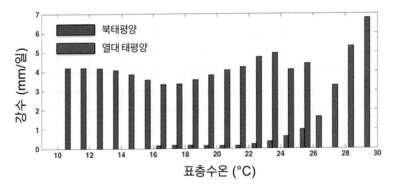

그림 1-3. 열대 태평양과 북태평양에서의 표층수온과 강수 사이의 상관성

열대의 또 다른 특징 중 하나는 적도를 기준으로 남반구와 북반구의 자전 효과가 반대가 된다는 것이다. 적도를 기준으로 북반구에서는 양의 전향력(coriolis force)이 남반구에서는 음의 전향력이 작용한다. 이런 이유로 무역풍에 의해 북반구에서는 북쪽으로 에크만 해류(Ekman Current)로 불리는 해수의 움직임이 나타나며, 남반구에서는 남쪽으로 에크만 해류가 발생되며, 적도에서는 이에 따라 에크만 용승(Ekman Pumping)이라 불리는 현상이 발생하여 깊은 곳의 해수를 표층으로 끌어올리는 용승이 일어나게 된다. 또한 정확히 적도에서는 지구 자전효과가 전혀 나타나지 않는 대신 적도만의 고유한 파동 특성이 나타난다. 대기나 해양과 같은 유체는 전향력이 사라지는 적도를 경계면으로 인식하고 적도 켈빈파(Equatorial Kelvin Wave)를 생성한다. 이런 파동 특성은 열대만의 독특한 대기−해양 상호작용을 만들어내는 주요한 요인이 된다.

계절 변동 또한 열대의 고유한 특성 중 하나이다. 위치의 특성상 태양고도가 6개월 주기로 변하며 이로 인해, 중위도 지역과 다르게 6개월 주기의 계절 변동 특성을 보이기도 한다. 북반구는 하지(6월 21일경)에 태양고도가 가장 높고 동지(12월 21일경)에 태양고도가 가장 낮다. 이런 이유로 여름철에 기온이 높고 겨울철에 기온이 낮은 일 년 주기의 계절 변화가 잘 나타난다. 이와 다르게 열대는 춘분(3월 21일경)과 추분(9월 21일경)에 태양고도가 가장 높고, 하지와 동지에 태양고도가 낮은 6개월 주기의 계절 변동이 발생된다. 따라서 태양고도의 영향만을 고려한다면 고도가 가장 높은 봄과 가을에 가장 기온이 높고, 여름과 겨울에 상대적으로 기온이 낮은 계절 특성을 갖게 될 것이다. 실제로 인도네시아 지역에서는 이와 같은 6개월 주기의 계절 변동이 나타나지만 지역적인 영향에 따라 동태평양이나 인도양 지역에서는 1년 주기의 계절 변동을 보이기도 한다. 열대의 계절 특성은 중위도에 비해 미비하게 나타나서 기온의 연교차가 일교차보다 적은 특징을 보인다.

열대 태평양

태평양, 대서양 그리고 인도양 각각의 열대 해역에는 열대 태평양, 열대 대서양, 열대 인도양이 존재한다. 표층수온이 높은 것과 같은 열대 해양의 일반적인 특성들도 존재하지만 각각의 열대 바다들은 서로 뚜렷하게 다른 특성들도 보인다. 예를 들어, 인도양의 경우에는 대륙이 바다와 긴밀하게 연결되어 있어 대륙의 영향을 많이 받는다. 이에 비해 대서양과 태평양은 유사한 특성을 보이지만 태평양의 폭이 20,000km에 달하는 데에 비해 대서양은 그의 1/5 정도밖에 되지 않기 때문에 열대 태평양에 비해 순환의 규모도 작으며 강도도 약하다. 대서양에서도 엘니뇨와 유사한 현상이 발생하지만, 태평양에 비해 주기도 짧고 강도도 약하며 그로 인한 전 지구적 영향력 역시 미비한 것으로 알려져 있다.

열대 태평양은 인도네시아 연안부터 아메리카 대륙의 서부 해안까지의 넓은 바다를 말하며 그 어마어마한 규모 때문에 대류의 영향이 상대적으로 약하고 열대 바다의 특성을 잘 보여준다. 무역풍으로 인해 서쪽 해역에 고온의 해수가 쌓여 깊은 수온약층(thermocline depth)을 만들게 된다. 이에 반해 열대 동태평양은 얕은 수온약층으로 인해 용승 효과가 잘 나타나며, 저온의 저층수가 표층에 지속적으로 공급되면서 표층에 낮은 수온 분포를 보이게 된다. 고온의 열대 서태평양에서 대기의 상승 운동이 활발하고 수온이 낮은 열대 동태평양에서는 반대로 하강 운동이 활발하여, 열대 태평양 상층 대기에서는 서풍이 표층에서는 동풍이 발생한다. 이와 같은 동-서 방향의 순환을 워커순환(Walker Circulation)이라고 부른다. 해들리 순환에 의해 발생되는 동풍 성분과 함께 발생하면서 열대 태평양에서 강한 동풍의 원인이 된다(그림 2-2 참조).

이처럼 열대 태평양은 기압과 수압 그리고 수온 등이 여러 복잡한 과정을 통해 서로 상호작용하며 흥미로운 변동을 만들어내는 바다이다. 이런 뚜렷한 특성이 열대 태평양에서만 나타날 수 있는 이유는 충분한 규모의 동서 방향 폭을 가지고 있어 대류의 영향을 적게 받기 때문이다. 이런 특성으로 인해 엘니뇨와 같은 독특한 변동이 수년마다 계속해서 나타나고, 그로 인해 전 지구적 기후에 큰 영향을 미치게 되는 기후학적으로도 매우 중요한 해역이다.

Part **2**

엘니뇨

PART 2. 엘니뇨

"모든 사람들은 자신이 이해하는 것만 듣는다
(Everyone hears only what he understands)."

- 요한 볼프강 본 괴테(Johann Wolfgang Von Goethe)

엘니뇨의 정의 및 특성

열대 태평양에는 2~7년마다 엘니뇨-남방진동(El Niño-Southern Oscillation; ENSO)으로 불리는 현상이 발생한다. "진동"이라는 명칭에서도 알 수 있듯이, 음의 상태와 양의 상태가 교대로 나타나지만 주기는 일정하지 않은 독특한 모드이다(그림 2-1). 양의 상태는 열대 동태평양의 표층수온(그림 1-1의 Niño 3.4 해역의 평균 표층수온)이 평년보다 0.5°C 이상 높은 경우를 말하며 엘니뇨(El Niño)라고 불린다. 반면, 평년보다 0.5°C 이상 낮은 경우는 라니냐(La

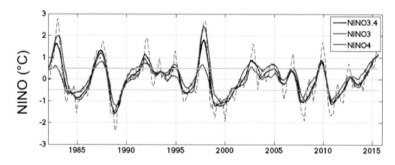

그림 2-1. Niño3, Niño3.4, 그리고 Niño4 해역의 평균 수온 편차 시계열(빨간색: Niño3, 검정색: Niño3.4, 파란색: Niño4). "0" 값은 기후 값을 나타내며, 각각은 기후 값에서부터의 편차를 나타냄.

Niña)로 불린다. PART 1에서 살펴본 바와 같이, 열대 태평양의 동서 방향 수온 차이는 워커순환과 밀접하게 관련되어 있기 때문에 엘니뇨로 인해 동서방향 수온 차이가 약화되면 워커순환이 약화되고 이로 인해 무역풍 역시 약화된다. 무역풍의 약화는 적도에서의 용승을 약화시켜 중/동태평양의 수온 상승을 더욱 증가시킨다. 라니냐는 이와 반대로 평년보다 강한 워커순환과 무역풍에 의한 동/서태평양의 수온 차이를 강화시킨다(그림 2-2).

전형적인 엘니뇨-남방진동은 봄에 발달하기 시작해서, 겨울에 가장 뚜렷하게 나타나고 점차 쇠퇴하여 그 다음해 여름에 소멸한다. 경년변동의 성

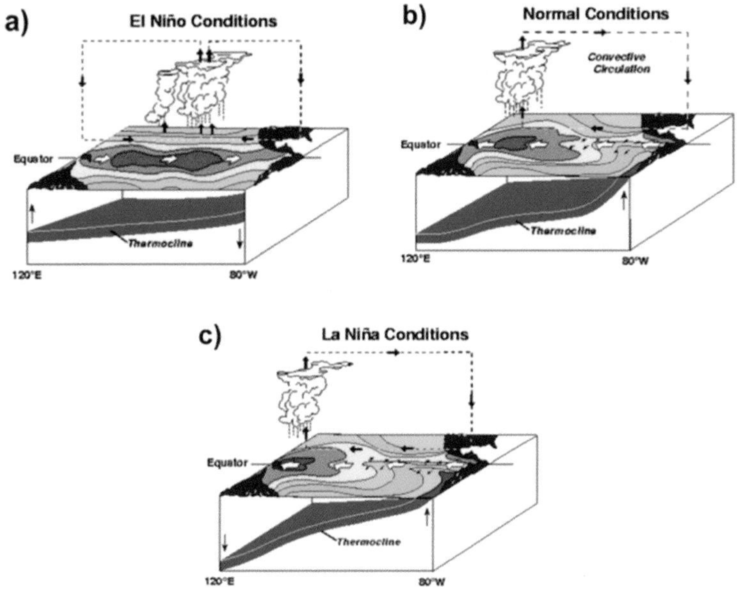

그림 2-2. 열대 태평양의 표층수온, 수온약층(thermocline), 워커순환에 대한 모식도. a) 엘니뇨 발생 시, b)엘니뇨나 라니냐가 발생하지 않은 평년 기후 값, c) 라니냐 발생 시[3]

3) Syste, N. (2011). El Niño. Retrieved from
   http://www.eoearth.org/view/article/51cbf18c7896bb431f6a5e7c

장과 소멸이 계절 변동 특성을 보이는 것을 엘니뇨-남방진동의 위상 고정(phase locking)이라 부르고, 이는 엘니뇨와 라니냐의 성장과 소멸이 계절에 따른 열대 태평양의 평균장 변화와 밀접하게 연관되어 있음을 나타낸다.[4] 이와 같은 계절 변동 특성 때w문에, 그해 겨울에 엘니뇨나 라니냐의 발생 여부는 여름에 어느 정도 예측이 가능하다. 봄철을 지나면서 엘니뇨-남방진동의 예측력이 좋아지는 것을 빗대어 봄철 예측력 장벽(spring predictability barrier)이라고 부르기도 한다.

엘니뇨-남방진동의 또 다른 특징은 엘니뇨와 라니냐의 비대칭성이다. 1982/83과 1997/98 겨울[5]은 평년에 비해 표층수온이 2℃ 이상 높았던 슈퍼 엘니뇨에 해당한다. 특히 후자의 경우는 역사상 가장 강한 엘니뇨로 알려져 있기도 하다. 이에 반해 "슈퍼" 라니냐로 불리는 이벤트는 존재하지 않는다. 이는 대기와 해양의 비선형성에서 기인된다. 예를 들어, 열대 태평양에서 수온과 강수 사이의 관계(그림 1-3)를 보면, 26℃를 기준으로 1℃ 수온이 상승한 경우, 강수량이 약 1.7mm/day 증가하는 반면 1℃ 수온이 하강한 경우 강수량은 0.7mm/day로 감소하는 것을 볼 수 있다. 이처럼 엘니뇨의 경우에 효과적으로 강수 변화를 유도하게 되어 워커순환을 빠르게 약화시켜 수온이 더욱 상승하게 되는 양의 되먹임(positive feedback)이 라니냐에 비해 효과적이기 때문이다. 이외에도 해양의 비선형적 특성 역시 엘니뇨가 라니냐에 비해 잘 발달할 수 있는 환경을 제공한다. 비선형적 특성들은 강도뿐만 아니라, 공간적인 특성에도 영향을 미쳐서 엘니뇨는 중태평양보다 동태평양에서 더욱 뚜렷하게 나타나는 반면 라니냐는 중태평양

---

4) Tziperman, E. et al., Mechanisms of seasonal ENSO interaction. J. Atmos. Sci. 54, 61-71, 1997.
5) 1982/83겨울은 1982년 연말과 1983년 연초를 의미한다.

에서 좀 더 뚜렷하게 나타난다. 또한 엘니뇨가 2년 이상 지속되는 경우는 발생하지 않지만, 라니냐의 경우에는 연속적으로 나타나기도 하는 차이를 보인다.

엘니뇨의 이상고온은 동태평양을 중심으로 나타나는 특징을 보인다(그림 1-1 NiñO3 해역). 하지만 최근에 발생한 몇몇 엘니뇨는 중태평양을 중심으로 발생하였다. 보통의 엘니뇨들이 NiñO3 해역의 표층수온이 NiñO4 해역의 표층수온 변화보다 큰 것에 비해, 이런 새로운 유형의 엘니뇨들은 NiñO4 해역의 표층수온 변화가 더 크게 나타나는 것이 특징이다. 2002/03 엘니뇨가 그 좋은 예로, NiñO3 해역의 수온 상승이 0.5°C 가량 높았던 것에 비해, NiñO4 해역의 수온은 평년에 비해 1°C 정도 높게 나타났다(그림 2-1). 이런 유형의 엘니뇨를 중태평양 엘니뇨(Central Pacific-El Niño; CP-El Niño), 엘니뇨 모도키(El Niño Modoki) 혹은 날짜변경선 엘니뇨(dateline El Niño)로 구분해서 부르고 있다. 한양대학교 예상욱 교수 연구진은 새로운 유형의 엘니뇨가 최근에 빈번히 발생하는 것은 지구온난화로 인해 중태평양의 수온약층이 얕아지고, 이로 인해 이전에 동태평양에서 극대화되었던 표층수온 반응이 중태평양으로 이전되었기 때문이며, 미래 기후에서는 이와 같은 새로운 유형의 엘니뇨가 더욱 빈번하게 나타날 수 있다는 결과를 발표했다.[6]

엘니뇨의 역학적 이해

엘니뇨와 같은 독특한 경년변동의 역학적 기작은 어떻게 설명할 수 있을까? 1966년에 노르웨이 기상학자였던 야곱 비에르크네스(Jacob Bjerknes)는

6) Yeh, S.-W. et al. El Niño in a changing climate. Nature 461, 511–514, 2009.

최초로 열대 태평양 대기-해양의 양의 되먹임을 통한 엘니뇨-남방진동 성장 기작을 설명했다.[7] 열대 태평양의 무역풍 약화는 적도의 용승을 약화시키고 이로 인해 동태평양의 수온을 상승시켜 동서태평양의 수온 차를 약화하고 워커순환을 약화시킨다. 이로 인해 무역풍은 더욱 약화되고 또 동태평양 수온 상승을 더욱 강화시키게 된다. 이런 특성으로 인해, 대기의 약한 스토캐스틱(추계학/확률적) 힘(stochastic force)[8]이 몇 개월 후에 동태평양에서의 뚜렷한 수온 변화를 발생시킬 수 있음을 설명하였다. 엘니뇨의 특성을 잘 나타내는 기작으로 널리 받아들여지고 있지만, 비에르크네스 피드백은 엘니뇨의 성장만을 설명할 뿐, 소멸이나 라니냐로의 전환을 설명할 수 없는 한계를 가진다.

바티스와 히스트(Battisti and Hirst)는 적도 바다의 파동 특성을 이용해 엘니뇨-남방진동의 성장과 소멸을 설명했다.[9] 엘니뇨의 경우(그림 2-3), 중태평양에서의 무역풍 약화로 인해 적도 용승이 약화되어 적도에서 수온약층이 깊어진다. 적도를 중심으로 깊어진 수온약층은 적도켈빈파(Equatorial Kelvin wave)를 통해 동쪽으로 전파되며 하층과 상층 사이의 수온 차가 약화되어 하층 냉수의 용승 효과가 중요한 동태평양의 표층수온이 상승하게 된다. 이와 동시에, 무역풍 약화가 적도에서 뚜렷하고 적도를 벗어나면서 약해지는 특성으로 인해 수온약층이 얕아지는 반대 기작도 나타난다. 얕아진 수온약층은 지구 자전에 의한 전향력 차이에 따라 로스비파(Rossby

---

7) Bjerknes, J. A possible response of the atmospheric Hadley circulation to equatorial anomalies of ocean temperature. Tellus, 18(4), 820-829, 1966

8) 대기에 존재하는 짧은 주기의 노이즈와 같은 바람.

9) Battisti, D. S., and A. C. Hirst, Interannual variability in the tropical atmosphere-ocean system: Influence of the basic state and ocean geometry. J. Atmos. Sci. 46, 1687-1712, 1989

Wave) 형태를 띠며 서쪽으로 전파된다. 이렇게 서로 다른 파동을 통해 정보가 전달되는 이유는, 전자의 경우에는 적도에서 가장 신호가 뚜렷하고 후자의 경우에는 남북 위도 10도 정도에서 뚜렷하여 지구 자전 효과가 운동을 지배하기 때문이다. 켈빈파는 로스비파에 비해 약 3배 정도 빠른 이동 속도로 동쪽으로 전파되어 동태평양에서 표층수온을 상승시킨다. 로스비파는 서쪽으로 전파되다가 서태평양 대륙을 만나면 다시 적도로 켈빈파 형태로 수렴하게 된다. 이 신호가 동태평양에 도착하면 이전 켈빈파에 의해 깊어졌던 수온약층을 평년 상태로 되돌리게 된다. 이 과정에서 처음 도착한 켈빈파의 영향으로 표층수온이 상승하다가, 상반된 두 번째 켈빈파가 도착한 이후에는 표층수온 편차가 약화되기 시작한다. 이와 같은 기작을 지연진동설(Delayed Oscillation Theory)이라 부른다. 이 기작은 엘니뇨와 라니냐의 성장과 소멸을 설명할 수 있는 좋은 학설이지만, 다른 상태로의 전환(엘니뇨→라니냐 혹은 라니냐→엘니뇨)을 설명하지 못하는 한계가 있다.

재충전−방출 진동설(Recharge-Discharge Oscillation Theory)로 알려져 있는 또 다른 기작은 1997년 하와이 대학교(University of Hawaii) 페이−페이 진(Fei-Fei Jin) 교수에 의해 처음 제안되었다[10](그림 2-4). 이전의 이론과 가장 큰 차이는 적도 해역과 아열대 해역 사이의 열교환을 고려했다는 점이다. 엘니뇨가 발생하고 다시 소멸하는 과정에서 열대역 상층의 따뜻한 해수가 아열대 해역으로 방출(discharge)되어서 엘니뇨가 소멸한 이후에 열대 태평양의 평균적인 수온약층이 얕아지게 된다(그림 2-4의 I&II). 이때 해양 표층에는 아무 특징이 나타나지 않지만, 열대 태평양의 상층 열용량은 감소한 상태가 된

---

10) Jin F.-F. An Equatorial Ocean Recharge Paradigm for ENSO. Part I: Conceptual Model . J. Atmos. Sci. 54, 811-829, 1997.

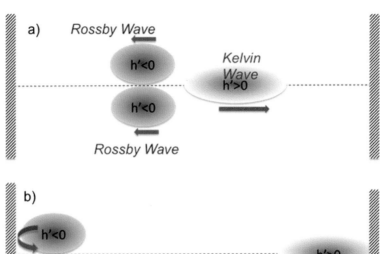

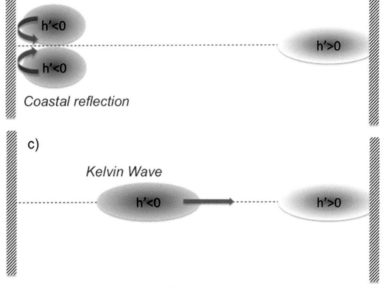

그림 2-3. 지연진동설에 대한 모식도. a) 중태평양에서의 무역풍 약화로 인해 켈빈파와 로스비파가 생성되어 이동을 시작함. b) 서진하던 로스비파가 서태평양 해안선과 만나 굴절되어 적도로 수렴하게 됨. c) 로스비파가 적도로 수렴되면서 켈빈파로 성격이 전환되어 서쪽으로 이동함.

다(II). 이로 인해 평년과 같은 무역풍은 저층의 차가운 해수가 효과적으로 표층으로 용승되어 동태평양에서 표층수온이 낮아지는 라니냐를 유도하게 된다(III). 라니냐로 인해 무역풍이 강화되면서 아열대의 표층수온이 적도로 수렴하게 되고(recharge), 이로 인해 평균적인 적도 태평양의 수온약층을 깊게 만들면 엘니뇨가 발생하기에 좋은 환경이 형성된다(IV). 이처럼, 재충전-방출 진동설은 엘니뇨(라니냐)의 발생과 성장뿐만 아니라 라니냐(엘니뇨)로의 전환까지 설명할 수 있으며, 적도에서의 상층 열용량이 표층수온 변동보다 약 6개월 정도 앞서서 반응하기 때문에, 엘니뇨-남방진동 예측 모델의 발전에 중요한 역할을 할 수 있었다.

엘니뇨-남방진동 기작에 대한 이론들이 수립될 수 있었던 이유는, 1982/83년 엘니뇨 이후부터 PART 5에서 소개할 열대 태평양 감시망 등 열대 해역에 대한 관측에 힘을 쏟아왔기 때문이다. 직접 관측을 통해, 특히 최대 엘니뇨로 알려진 1997/98년 엘니뇨 전후에 나타난 변화를 기록하고, 이를 분석 · 해석하면서 엘니뇨-남방진동 기작에 대한 이론들은 보다 정교해지고 예측 모델의 발전에 활용될 수 있었다. 그러나 아직까지도 우리 인류가 엘니뇨-남방진동에 기작을 확실히 이해하고 예측할 수 있는 지의 물음에는 여전히 그렇다고 답하기 어려운 상태이다. 특히 앞에서 언급한 것처럼 최근 지구온난화가 진행되는 과정에서 동태평양 엘니뇨와 구분되는 중태평양 엘니뇨가 빈번해지는 변화라던가, 또 2014년 이후 중태평양 엘니뇨보다는 슈퍼 엘니뇨에 가까우면서도 새로운 동태평양 수온 변화 양상이 나타나고 있는 점에 비추어 볼 때 지속적인 열대 태평양 관측과 기작 연구에 대한 새로운 도전이 여전히 필요하다고 할 수 있겠다.

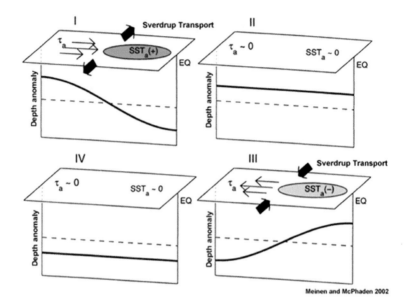

Schematic of the Recharge/Discharge Theory of ENSO

그림 2-4. 재충전-방출 진동설의 모식도. 점선은 평균 수온약층의 깊이를 나타내며 실선이 각 상태에서의 수
온약층을 보여준다. 실선이 점선 위에 놓인 경우는 수온약층이 얕아진 상태를 의미한다. t_a는 표
층바람 편차, SSTa는 표층수온 편차, 두꺼운 화살표는 남북 방향의 표층 해수교환을 나타낸다.
stage I은 엘니뇨 상황, III는 라니냐 상황에 해당한다(Meinen and McPhaden, 2000[11]).

___

11) Meinen, C. S. and M. J. McPhaden, Observations of Warm Water Volume Changes in the
Equatorial Pacific and Their Relationship to El Niño and La Niña, Journal of Climate, 13(20),
3551–3559, 2000.

엘니뇨의 영향

엘니뇨가 발생하면 중/동태평양에서의 수온이 상승하면서 증발양이 증가한다. 증발된 수증기는 중층 대기에서 응결되어 강수를 발생시킨다. 응결이 일어나면서 중층대기로 응결열이 방출되어 대기의 운동 에너지를 제공한다. 적도에서 시작된 운동은 파동(waves) 형태로 전파하여 다른 해역에까지 영향을 미치게 된다. 태평양과 북미 대륙 위를 지나가는 파동인 태평양-북아메리카 패턴(Pacific-North American pattern; PNA)이 그 대표적인 예로 고기압과 저기압이 기차모양으로 교대로 나타나는 로스비파(Rossy waves)가 이에 해당한다. 로스비파는 원래 서쪽으로 전파되지만 중위도의 평균 바람장 영향으로 북동진하면서 효과적으로 엘니뇨-남방진동 영향을 북미 대륙에 전달한다. 이로 인해 엘니뇨가 발생한 겨울 하와이는 평년보다 따뜻하고 건조하며, 북태평양 지역의 겨울철 날씨와 밀접한 알류샨 저기압(Aleutian Low)은 강화되고, 미 서부 지역에는 상대적으로 따뜻한 겨울이, 미 남동부 지역에는 평년에 비해 춥고 강수량도 높아지는 겨울이 찾아오게 된다.

겨울철에 엘니뇨가 발생하게 되면 우리 한반도는 전반적으로 평년보다 따뜻한 겨울이 될 확률이 높고, 그 다음 여름철에 강수는 증가하는 것으로 알려져 있다. 이는 북미 대륙처럼 직접적인 영향이라기보다는, 한반도 기후에 영향을 미치는 북서태평양 고기압이나 알류샨 저기압에 의한 간접적인 영향이다. 또한, 엘니뇨가 성장하는 여름철에는 적도 해역의 수온 상승으로 인해 열대 서태평양의 태풍 발생 빈도가 증가하고, 라니냐 시기에 비해 강력한 태풍으로 발달되는 경우도 많다. 이는 적도 태평양에 고온의 해수가 넓게 분포되면서 태풍 발생 가능 해역도 확장되고, 이동 경로가 길어지면서 충분한 에너지를 공급받을 가능성도 더 커질 수 있기 때문이다.

그러나 이러한 전형적인 엘니뇨 영향 또한 아직까지 완전하게 규명되었
다고 보기는 어렵다. 모든 엘니뇨에 대해 이와 같은 전형적인 영향이 나타
나는 것은 아니기 때문이다. 엘니뇨-남방진동에 대한 기작과 마찬가지로
지구촌 곳곳에 미치는 그 영향에 대해서도 아직 많은 연구를 필요로 하고
있는 셈이다.

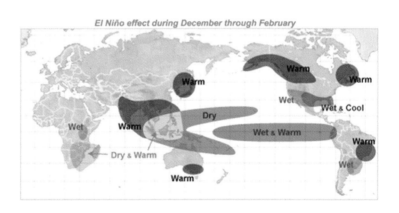

그림 2-5. 엘니뇨에 의한 겨울철 전 지구 기후 특성[12]

12) Camargo, S. And A. Sobel, Western North Pacific Tropical Cyclone Intensity and ENSO, 2005.
http://www.srh.noaa.gov/jetstream/tropics/enso_impacts.htm

기후변동

PART 3. 기후변동

"무제한적인 활동은 어떠한 종류이든지 간에 결국 파멸을 가져온다
(Unlimited activity, of whatever kind, must end in bankruptcy)."
- 요한 볼프강 본 괴테(Johann Wolfgang Von Goethe)

기후변화의 두 요소: 자연적인 변동과 인위적인 변화

엘니뇨-남방진동이 열대 태평양의 가장 뚜렷한 변동이라 할 수 있지만 열대 태평양에는 그 외에도 다양한 시간 규모를 가지는 변동이 공존하고 있다. 수일 규모의 태풍으로부터 수개월 규모의 메든-줄리안 진동(Madden-Julian Oscillation; MJO), 연중 계절 변동, 수년 규모의 엘니뇨-남방진동, 수십 년 규모의 태평양 수십 년 진동(Interdecadal Pacific Oscillation; IPO) 등 다양한 규모의 자연 변동이 존재한다. 또한, 인류가 배출한 온실가스로 인한 인위적인 지구온난화 역시 열대 태평양의 장기 변동에 영향을 미치는 것으로 알려져 있다. 더욱 흥미로운 것은, 서로 다른 주기들의 여러 변동들이 서로 결합되어 열대 태평양의 전체적인 변동을 만들어낸다는 점이다. PART 2에서 살펴본 것처럼 엘니뇨-남방진동이 계절의 영향을 받아 겨울철에 가장 뚜렷하게 나타나는 계절 변동 특성을 보이는 것이 그 좋은 예이다. 또한, 수개월 주기의 메든-줄리안 진동이 엘니뇨를 유발하는 서풍의 주요 공급원이 된다는 연구 결과도 제시된 바 있다. 뿐만 아니라, 지구온난화에 따라 열대 태평양의 평균장의 변화로 인해 자연 변동의 성격이 영향을 받기도 한

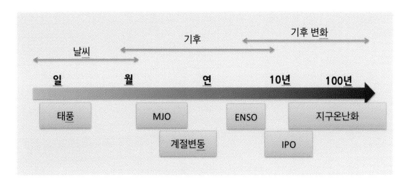

그림 3-1. 시간 규모에 따른 열대 태평양의 주요 변동

다.

이와 반대로, 지구온난화 속도 역시 자연변동성에 영향을 받기도 한다. 1950~2012년 사이의 전 지구 평균 기온 상승 폭이 0.11℃/10년 인 것에 비해, 1999~2012년 사이의 상승률은 0.04℃/10년으로 상승 속도가 1/3 정도로 크게 줄어들었다. 이 급격한 지구온난화 감속은 지구온난화 멈춤 (Global Warming Hiatus)으로 불리는데, 최근 이에 관한 많은 연구가 진행 중이다. 의미 있는 지구온난화의 감속인지, 아니면 다른 요인에 의한 일시적인 현상인지를 규명하는 것은 매우 중요한 과제이기 때문이다. 잉글랜드 등 (England et al.)은 장주기 자연변동성으로 인한 일시적인 현상으로 이를 설명한다. 전 지구 연평균 기온은 지구온난화에 따른 지속적인 상승과 +IPO, -IPO로 표시된 수십 년 주기의 변동, 그리고 강한 연변동이 동시에 나타난다(그림 3-2). 수십 년 주기의 태평양 진동(IPO)은 태평양 전역에서 나타나는 장주기 자연 변동을 나타내는 지수이다. 최근 음의 IPO가 나타나며 열대 태평양의 무역풍을 강화시켜 적도의 용승이 강화되고, 열대 태평양의 표층수온을 낮추게 되었다. 그들의 주장에 의하면, 최근에 나타난 지구온난화 감속은 음의 IPO에 의한 것일 뿐, 실제 온난화의 감속이라 보기 어렵다. 해역적으로 살펴보면, 이런 최근의 지구온난화 감속은 태평양 특히 열

대 태평양에서만 뚜렷하게 나타나고 대서양, 인도양, 그리고 대륙에서는

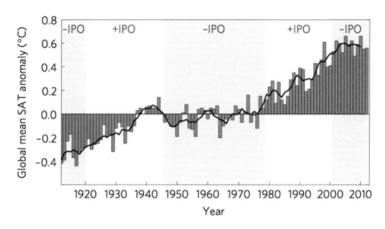

그림 3-2. 전 지구 표층기온 평균(1951~1980년 평균치에 대한 편차). 막대그래프는 연간 변동을 나타내며, 실선은 5년 이상의 정기 변동성을 보여줌.

뚜렷하지 않다는 점이 이를 뒷받침하고 있다.

이와 같이, 다양한 자연변동성과 인위적인 기후 변화의 효과를 명확하게 구분하는 것은 쉽지 않다. 더욱이 대부분의 기후 관측 자료들이 19세기 후반에 이른 후에야 수집되었기 때문에, 약 60년 주기의 IPO와 인위적인 영향을 구분하기는 한계가 있다. 이런 한계를 극복하기 위해, 지구온난화 연구는 수치 모델 자료를 이용하는 경우가 많다. 접합모델 상호비교 프로젝트(Coupled Model Intercomparison Project Phase 5; CMIP5[13])를 통해 전 세계 20개의 기후 연구 그룹이 참여해서 34개의 기후모델을 이용해 과거와 미래 기후를 재현하고 그 자료를 공유하고 있다. 이러한 기후모델들은 관측 자료가 가지는 한계를 극복하고 향후 100년 혹은 더 이후의 지구 기후 환경을 예

---

13) http://cmip-pcmdi.llnl.gov/cmip5/

기후변화 과학의 이해

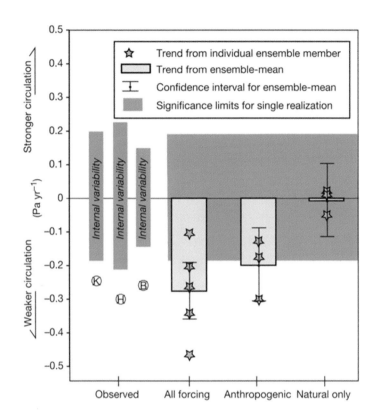

그림 3-3. 관측과 기후모델 자료를 이용한 동태평양과 서태평양 사이의 해수면 기압 차의 선형 경향성[음(양)
의 경향성: 열대 태평양의 워커순환의 약화(강화)를 나타냄]. 관측 (observed)는 각기 다른 3개의
자료(K=Kalpan, H=Hadley Center, B=K+H)가 이용되었음(Vecchi et al., 2006[14]).

측하는 연구에 활용된다. 기후모델의 장점 중 하나는 여러 가지 요인을 선
택적으로 적용한 실험이 가능해서 자연변동과 인위적인 효과를 분리할
수 있는 점이다. 그림 3-3처럼, 과거 140년의 기후를 자연적인 요인(태양주
기나 화산활동, natural only)만, 인위적인 요인(온실가스 증가, anthropogenic)만, 그리
고 모두를 고려(all forcing)한 상황으로 나누어 각각 재현할 수 있다. 자연적

---

14) Vecchi, G. A. et al. Weakening of tropical Pacific atmospheric circulation due to anthropogenic
forcing. Nature 441, 73–76, 2006

인 요인만 포함된 실험에서는 관측 값에서 보이는 경향성을 재현할 수 없는데 반해, 인간 활동에 의한 온실가스 증가와 자연적인 요인을 모두 감안한 실험에서는 관측치와 유사한 값을 보인다. 이는 장주기 자연변동에 의해 지구온난화 효과가 감소 혹은 가속되기는 하지만, 인류의 활동으로 인한 지구온난화 효과가 여전히 주요함을 잘 보여준다. 기후모델은 이처럼 다양한 실험이 가능하고 미래 기후를 예측할 수 있다는 장점이 있지만, 지구유체역학 방정식을 통해 이론적으로나 수치적으로 계산한 값이기 때문에 지구 기후의 매우 복잡한 환경을 완벽하게 재현할 수는 없다는 한계를 가진다. CMIP5 등을 통해 각각 다른 성격의 기후모델 자료를 다각적으로 이용함으로써 이러한 한계를 줄이기 위한 노력이 계속 진행 중이다.

지구온난화와 강수 증가

지구온난화로 인한 각 해역에서의 변화는 균일하게 나타나지 않는다. 국지적인 대기-해양의 특성에 따라서 수온 상승이 강하게 나타나는 곳도 있고, 거의 나타나지 않는 해역도 있다. 지구온난화에 따른 열대 태평양의 대기-해양 반응은 여전히 매우 중요한 연구 주제이다. 엘니뇨의 전 지구적 영향에서 살펴본 것처럼, 열대 태평양의 변화는 열대 태평양에만 국한된 현상이 아니고 전 지구적인 기후변동과 그 변화에까지 영향을 미치기 때문이다.

지구온난화로 인한 워커순환의 약화는 가장 분명한 현상으로 받아들여지고 있다. 워커순환의 약화는 인류의 활동에 의한 인위적인 요인을 포함하지 않은 실험에서는 잘 재현되지 않는다(그림 3-3). 이는 인위적 요인의 지구온난화에 의해 워커순환이 실제로 약화되고 있음을 의미한다. 헬드와 소든(Held and Soden, 2006)은 지구온난화에 의한 수증기 증발이 7%/°C인 것에 반해 강수량 증가는 2%/°C에 불과함을 지적하고 이를 순환의 약화때문으로 설명했다. 증발된 수증기가 강한 상승 운동을 통해 응결되어 구름을 형성하게 되고 결과적으로 강수를 만들게 되는데, 그들의 주장에 따르면, 열대의 상승 운동이 상대적으로 약화되기 때문에 많은 수증기의 증가에도 불구하고 강수 증가는 단지 2%/°C 에 그친다는 것이다. 증발량의 증가로 수증기를 많이 포함하게 된 하층 대기가 무거워져서 상승 운동이 어려워진 것을 순환 약화의 원인으로 설명하였다. 이외에도 지구온난화에 의해 상층 대기의 기온 상승이 하층에 비해 크기 때문에 전반적으로 대기가 안정화되고, 이로 인해 대기 순환이 약화된 면도 고려할 수 있다.

워커순환의 약화는 열대 태평양의 무역풍을 약화시켜 엘니뇨가 발생하는 것과 유사한 환경을 만들게 된다. 실제로 기후모델 자료들을 분석해보면, 모델마다 차이를 보이기는 하지만 전반적으로 엘니뇨 때와 유사하게 중/동태평양의 수온 상승이 서태평양의 수온 상승보다 뚜렷이 나타난다. 하지만 지구온난화는 경년변동인 엘니뇨와는 다르게, 대기와 해양의 평균장을 변화시키게 되기 때문에 예측과는 다른 변화 양상을 보일 수도 있다. 클레멘트 등(Clement et al., 1996)은 간단한 수치 모델 실험을 통해, 해양 표층에만 뚜렷하게 나타나는 수온 상승으로 인해 동태평양 해역의 수온약층이 얕아지게 되고 이로 인해 용승으로 인한 수온의 하강 효과가 극대화될 수 있음을 밝히기도 했다. 동태평양에서의 이런 반응을 해양에 의한 역학적 열조절(ocean dynamic thermostat)로 명명하고 이로 인해, 지구온난화가 진행됨에도 불구하고 동태평양에서는 오히려 수온이 하강할 수 있음을 주장했다. 이는 워커순환의 약화 때문에 동태평양과 서태평양에 서로 상반되는 표층수온 변화가 일어날 수도 있음을 의미한다. 지구온난화에 따른 표층수온 변화는 아직도 활발한 연구와 토의가 진행 중인 분야이며 그 여전히 그 논쟁이 종식되지 않은 상태이다.

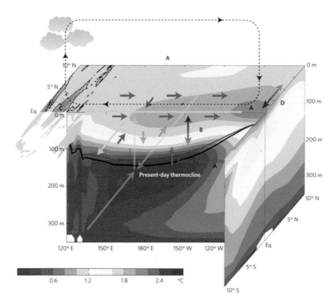

그림 3-4. 열대 태평양에서 나타나는 지구온난화 영향(색상: 해수의 수온 변화, 붉은색 화살표: 지구온난화에 따른 표층 바람과 해류 변화) (Cai et al., 2015[15])

지구온난화는 표층수온의 상승뿐만 아니라 강수량과 강수 양상에도 영향을 미친다. 열대 태평양에서의 강수가 중요한 이유는 응결 과정에서 발생되는 잠열이 대기 운동의 에너지원이 되기 때문이다. 만약 대기 순환 패턴이 크게 변하지 않는다면, 강수 역시 지금과 유사한 패턴을 유지하게 될 것이다. 이런 주장에 따르면 현재 강수가 많은 해역에서 미래의 강수량이 증가가 더욱 뚜렷하게 나타나게 된다(wet-gets-wetter). 헬드와 소든(Held and Soden)은 강수량의 증가가 수증기 증가에는 미치지 못하지만 약 2%/℃의

15) Cai, W. et al. ENSO and greenhouse warming. Nature Climate Change, 5, 849–859, 2015.

강수가 증가하게 되고 지역적인 특성은 현재와 같이 유지될 것이라고 주장했다. 이에 반해, 씨에 등 (Xie et al., 2010)은 지구온난화에 의해 수온 상승이 높은 해역의 강수 증가가 더 뚜렷하다는 주장이다. 수온이 높은 열대의 특성상, 수온 상승과 강수 증가가 밀접하게 연동되어 있기 때문이다. 엘니뇨가 발생했을 때, 1℃ 가량의 수온 변화로도 강수와 대기 순환이 크게 변화하는 관점으로 이를 설명할 수 있다. 홍 등(Hung et al., 2013)은 이 두 가지 요인을 동시에 고려할 경우에 미래 강수 특성을 가장 잘 설명할 수 있다고 주장하기도 했다.

지구온난화와 엘니뇨

그렇다면 지구온난화가 엘니뇨-남방진동에 어떤 영향을 미칠 것인가? 엘니뇨-남방진동은 열대 태평양의 대기-표층수온-수온약층이 모두 결합되어 나타나는 자연현상이기 때문에 지구온난화에 의한 환경 변화는 엘니뇨-남방진동의 강도나 주기에 영향을 미칠 수 있다. 카이 등(Cai et al, 2014[16])은 지구온난화에 따라 미래에는 1997/98년과 같은 강한 엘니뇨의 발생 빈도가 약 2배 정도 증가할 것으로 예측했다(그림 3-5). 표층수온을 이용한 엘니뇨-남방진동 정의에서는 뚜렷한 증가를 찾기 어렵지만, 동태평양에서의 강수를 기준으로 보면 슈퍼 엘니뇨의 증가가 명확히 나타난다. 지구온난화에 의해 동태평양에서의 수온 상승이 가장 뚜렷하고, 동태평양의 수온 상승과 엘니뇨로 인한 수온 상승이 결합되어 동태평양에서 강한 강수량 증가가 나타날 수 있기 때문이다. 현재 기후에서 대부분의 엘니

---

16) Cai, W. et al. Increasing frequency of extreme El Niño events due to greenhouse warming, 4, 111-116, 2014.

뇨에 의한 강수는 중태평양에서 강하게 나타나며, 일부 슈퍼 엘니뇨의 경우에만 동태평양에서 강한 강수를 유발한다. 이와 같은 강수 반응의 동쪽 확장은 태평양−북아메리카 패턴(PNA)의 경로 역시 동쪽으로 이동시켜 엘니뇨에 의한 미 서부 지역의 강수 증가 등을 더욱 뚜렷해지도록 만들 수 있다.[17] 하지만 아직도 지구온난화에 의한 엘니뇨−남방진동 변화에 대해서는 여전히 활발한 연구가 진행 중이며 기후모델 사이의 불일치로 인해 전반적으로 동의된 하나의 결론을 제시하기는 어렵다.

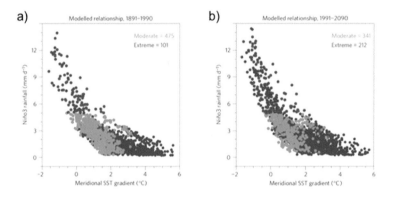

그림 3-5. 열대 태평양의 동서 방향 표층수온 차(x축)와 동태평양에서의 강수와의 상관성(y축) (붉은색: 슈퍼 엘니뇨, 초록색: 약한 엘니뇨, 파란색: 라니냐 혹은 중립). a)는 모델에서 재현된 현재 기후 상태를 보여주고, b)는 지구온난화 효과를 나타낸다(Cai et al., 2014[18]).

17) Zhou, Z.-Q. et al. Global warming-induced changes in El Niño teleconnections over the North Pacific and North America. J. Clim. 27, 9050–9064, 2014.

18) Cai, W. et al. Increasing frequency of extreme El Niño events due to greenhouse warming, 4, 111-116, 2014.

열대 태평양, 과학으로 담하다

Part **4**

조석파와 난류혼합

PART 4. 조석파와 난류혼합

"하늘이 어디에서나 푸르다는 것을 이해하기 위해 전 세계를 다녀야 하는 것은 아니다
(To understand that the sky is everywhere blue we need not go round the world)."

-요한 볼프강 본 괴테(Johann Wolfgang Von Goethe)

하와이 해양혼합실험(Hawaii Ocean Mixing Experiement; HOME) 프로그램

하와이 인근의 바다는 아마도 해양의 난류혼합을 이해하기 위한 연구가 가장 잘 이루어진 곳 중의 하나일 것이다. 미국 8개 기관의 27명의 해양 과학자들[19]은 1999년 5월 하와이 해양혼합실험(Hawaii Ocean Mixing Experiment; HOME)이라는 대규모 해양관측 프로그램을 시작했다. 이 프로그램은 과거에 수집된 자료들을 분석하여 근접장(near-field)에 대한 표준을 제공하며

---

19) 항공우주국(National Aeronautics and Space Administration; NASA) Richard Ray, 해양기상청(National Oceanic and Atmospheric Administration; NOAA) Rusty Brainard, 오레곤 주립대(Oregon State University; OSU) Timothy Boyd, Douglas Cladwell, Gary Egbert, Murray Levine, James Moum, 스크립스 해양연구소(Scripps Institute of Oceanography) Bruce Cornuelle, Jean Filoux, Walter Munk, Robert Pinkel, Daniel Rudnick, Jefferey Sherman, Peter Worester, 하와이 대학교(University of Hawaii; UH) Eric Firing, Pierre Flament, Douglas Luther, Mark Merrifield, 뉴사우스 웨일즈 대학교(University of New South Wales) Peter Holloway, 워싱턴 대학교(University of Washington) Brian Dushaw, Michael Gregg, Bruce Howe, Eric Kunze, Craig Lee, Jack Miler, Thomas Sanford, 우즈홀 해양연구소(Woods Hole Oceanographic Institution; WHOI) Alan Chave

다른 해역에서의 관측과 비교하는 부분, 모델링 부분, 관측 조사 부분, 원격장(far-field) 조사 · 분석 부분, 근접장(near-field) 조사 · 분석 부분으로 나뉘며 2006년까지 수행되었다. 여기에는 당시 여러 첨단의 해양관측 장비들(SeaSoar Doppler Sonar, MARLIN lines, AMP, LAMP, AVP/XCP)과 계류 관측 장비들이 투입되었다(그림 4-1). 이처럼 단기간에 집중적인 해양관측이 이루어지는 것과는 구별되어 오랜 기간 지속적인 관측을 수행하기 위한 해양관측 장비들의 투입에 대해서는 PART 6에서 소개하기로 한다.

이 실험은 기본적으로 해양의 수온약층(thermocline) 아래에 위치하는 심해역 수온 구조가 해수의 역학적 혼합에 따른 하층으로의 열확산과 상층으로의 냉수(cold water) 이류(advection) 사이의 균형에 의해서 유지되고 있다는 기본적인 가정을 검증하기 위해 계획되었다.

뒤에서 좀 더 자세히 다루지만 전 지구적인 대양의 수직 이류와 확산 사이의 균형은 $10^{-4} \mathrm{m}^2/\mathrm{s}$크기의 밀도 간 확산계수(diapycnal diffusivity)와 2TW(TeraWatts)의 에너지 전력을 필요로 하지만 대양에서 관측된 역학적인 난류혼합을 일으키는 에너지원들(주로 내부파)이 발생시킬 수 있는 밀도 간 확산계수의 크기는 $10^{-5} \mathrm{m}^2/\mathrm{s}$에 불과하여, 해양의 성층구조가 이루어지기 위해 필요한 혼합 에너지를 충분히 설명하지 못하고 있다. 열대역과 온대역에서 충분한 하층으로의 열혼합이 이루어지지 않는다면 심해의 수온 수직 구배(vertical gradient)는 현재보다 월등히 작아야만 할 것이다.

해양의 수온약층 아래에서 난류혼합을 일으킬 수 있는 여러 가지 역학적 에너지 원천(sources)—해저지형에 따른 제한된 해역에서의 평균적인 흐름장, 중규모 해류, 조석, 단주기 내부파—중 HOME 프로그램에서는 주로 조석에너지에 집중했다. 이것은 첫째, 조류(tidal currents)가 종종 심해에서 가장 큰 유속 변화를 가져오기도 하고, 둘째, 최근의 관측에서 하와이 부근 급격한 해저지형이 나타나는 해역 인근이나 대륙 경계부로부터 전파해 나가는 내부조석파(internal tides)가 상대적으로 크게 나타나고 있으며, 셋째, 간단한 전 지구 2차원 내부조석 발생 모델들과 전 지구 수치 모델로부터 예전에 추정되어 온 것(10% 또는 0.4TW)보다 월등히 큰 비율의 조석에너지 소멸이 내부조석을 통해서 일어날 수 있다는 결과들이 보고되었기 때문이다.

따라서 HOME 프로그램의 주된 목표는 하와이와 같은 해양 중앙의 해저지형이 조석에 의한 난류혼합을 증폭시킬 수 있는 주요한 사이트가 되는지를 결정하기 위한 것이라 할 수 있다. 조석으로부터 역학적인 혼합으로 에너지가 전달되는 경로는 여러 가지로 생각할 수 있다. 해협과 같은 경계를 따라 흐르는 조류에 의해 직접적으로 발생하는 경계층의 난류(turbulence) 또는 해저암상(sill)이나 임계 해저경사면(critical slope)에서 발생하여 멀리 전파하다가 불안정 기작에 의해 그 에너지를 잃는 과정에서 난류혼합을 발생시킬 수 있는 내부조석파로 나눌 수 있다. 하와이 열도 인근의 조석에너지가 얼마나 혼합으로 변환되는지를 파악하기 위해 HOME 프로그램의 두 번째 목표에는 하와이 조석에 대한 간단하고 정량적인 에너지 수지를 산정하는 부분도 포함한다. 이 에너지 수지는 하와이 열도 인근에서 소멸되는 조석 에너지, 주요 내부조석파에 의해 하와이 열도로부터 멀리 방출되는 에너지, 그리고 하와이 열도 인근에서 조석에 의한 난류 혼합 과정에서 감쇄(dissipation)되는 관측 에너지로 구성된다.

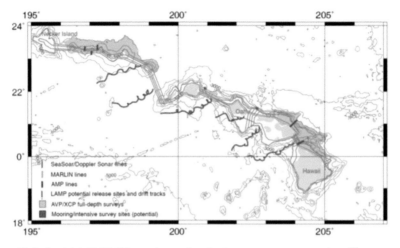

그림 4-1. 하와이 해양혼합실험(HOME) 프로그램 조사 모식도. Source: Luther et al.(1999)[20]

내부조석파와 난류혼합

앞에서 소개한 HOME 프로그램을 통해 하와이 인근에서 수집된 자료를
분석한 연구 결과들 중에서 내부조석파의 발생과 전파 및 그 난류혼합으
로의 에너지 변환에 대한 매우 흥미로운 결과가 워싱턴 대학교(University of
Washington; UW) 소속이었던[21] 매튜 알 포드(Matthew H. Alford) 교수와 종시앙
자오(Zhongxiang Zhao) 박사에 의해 세상에 알려지게 되었다. 그들은 인공위
성에 장착된 고도계(altimeter) 자료를 이용하여 북태평양에서 전파하는 반
일주기(semidiurnal period) 내부조석파의 에너지속(energy flux)을 새로 계산하여
공간적인 해상도를 높이고, 하와이에서 발생하여 북쪽으로 전파하는 파
와 남쪽으로 전파하는 파의 두 종류를 분리할 수 있었다(그림 4-2). 또, 그 이

---

20) Luther et al., The Hawaii Ocean Mixing Experiment (HOME): Is the Abyssal Stratification
    Maintained by Tidalgenic Mixing? 1999.

21) 현재는 스크립스 해양연구소(Scripps Institute of Oceanography) 소속

전에 관측되었던 진폭과 위상의 반파장(half-wavelength) 특성들은 하와이와 알류샨 열도(Aleutian Islands)로 부터 생성되어 전파하는 두 종류의 내부조석파가 서로 간섭하여 나타난 것임을 새로 밝혔다. 그들의 분석 결과는 새로운 종류의 인공위성 고도계 자료까지 포함하여 기존에 알려진 것보다도 더 좁은 내부조석파 빔(beam) 특성을 보이는데, 이렇게 북태평양을 건너 전파하는 내부조석파들이 하와이 열도의 5개 사이트(Kauai Channel; KC, Nihoa Island; NI, French Frigate Shoals; FFS, Laysan Island and Lisianski Island; LL, Midway Island; MI)와 알루샨 열도의 2개 사이트(Amchitka, Amukta)로부터 생성된 것임을 뚜렷하게 제시할 수 있었다(그림 4-2).

이러한 내부조석파의 오랜 장거리 전파 특성은 내부조석파에 의한 난류혼합에 시사하는 바가 많다. 이렇게 장거리를 오래 전파하는 내부조석파는 여러 내부조석파 모드들(modes) 중에서도 그 파장이 길고 위상 변화가 작으며 혼합으로의 에너지 손실이 최소인 형태이기 때문에, 이 결과는 내부조석파에 의한 난류혼합 에너지 최솟값을 의미한다. 또한, 다른 종류의 인공위성 고도계 자료들이 지속적으로 수집되면서 그 기간들도 반일주기 내부조석파의 특성을 추출하기에 적절한 길이가 되어감에 따라 향후 이들에 대한 분석 결과도 병합할 수 있을 것으로 기대되고 있다.

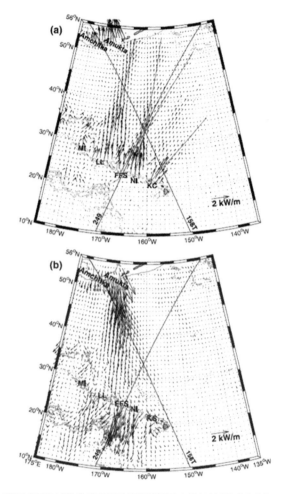

그림 4-2. 하와이 인근에서 관측된 자료로부터 추정한 반일주기 내부조석파의 에너지속(energy flux). (a) 북향, (b) 남향 전파하는 경우. Source: Zhao and Alford (2009)[22]

22) Alford, H. M. and Z. Zhao, New altimetric estimates of mode-1 M2 internal tides in the central North Pacific Ocean. J. Phys. Oceanogr, 39, 1669-1684, 2009.

내부조석파 에너지가 감쇄하여 난류혼합을 증폭시키는 과정에 대해서는 스크립스 해양연구소(Scripps Institute of Oceanography) 소속이었던[23] 조디 클라이막(Jody M. Klymak) 교수 등의 난류 직접 관측 자료 분석을 통해 잘 설명할 수 있었다. HOME 프로그램의 일환으로 그들은 2000년과 2002년 하와이 열도에 4가지 종류의 난류 관측 장비들인 고급 난류구조 프로파일러(Advanced Microstructure Profiler; AMP), **Chameleon**, 절대유속 프로파일러(Absolute Velocity Profiler; AVP), **Marlin**을 투입하고, 이렇게 수집된 자료를 분석하여 수직 방향, 해령(ocean ridge)을 가로지르는 방향, 해령을 따르는 방향 그리고 각각의 난류 감쇄율(dissipation rate)과 확산성(diffusivity) 구조를 평가하였다(그림 4-3). 그 결과 해저 부근에서는 중앙부의 해수보다 평균적으로 약 15배 높은 확산성을 보였고, 1000m 수심에서는 해령으로부터 10km 떨어진 위치보다 해령 바로 위에서 30배나 높은 확산성을 가진다는 사실이 확인되었다. 또한, 해령을 따라 수심평균 감쇄율과 반일주기 내부조석 에너지 사이에 뚜렷한 관계식을 찾았으며, 이론적으로는 내부조석파 생성과 파들 사이의 상호작용을 통한 감쇄로 설명하였다. 또한, 그들은 이 결과를 외삽(extrapolate)하여 해령으로부터 60km 이내의 거리에서 3±1.5GW의 조석에너지가 난류로 소실됨을 보였는데, 이것은 조석에너지 총손실의 약 15%에 해당하는 것으로 추산된다.

---

23) 현재 빅토리아 대학교(University of Victoria) 소속

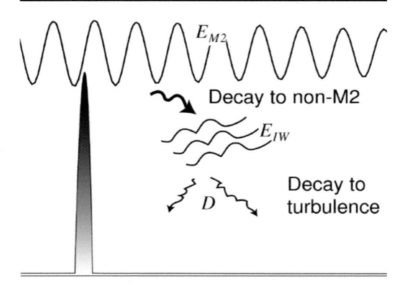

그림 4-3. 내부조석파 에너지의 감쇄 과정 모식도. EM2와 EIW는 각각 반일주기 조석에너지와 내부조석파로 변환된 에너지를 의미하고 D는 난류로 감쇄되는 에너지를 나타낸다. Source: Klymak et al.(2006)[24]

난류혼합과 해양순환

메튜 알포드 교수와 종시앙자오 박사는 하와이 열도뿐만 아니라 전 지구적인 해양 내부파(internal waves)의 장거리 전파를 더 잘 이해하고자 전 세계 도처의 해양에 위치한 80개 계류선에서 과거에 수집된 시계열(time-series) 자료를 분석하여 그 에너지와 수평적인 에너지속을 계산하기도 하였다. 특히, 반일주기의 조석뿐만 아니라 바람에 의해 생성되는 내부파인 근관성주기(near-inertial period) 내부파도 함께 계산하여 하와이 열도를 비롯한 전

24) Klymak et al., An estimate of tidal energy lost to turbulence at the Hawaiian Ridge. J. Phys. Oceanogr., 36, 1148-1164, 2006.

지구 대양의 내부파 에너지와 그 전파에 대한 밑그림을 파악하고자 했다 (그림 4-4). 그들의 연구 결과는 하와이로부터 북동쪽으로 2400km 이상(10일 이상)을 전파하는 내부조석파들의 존재와 적도 방향으로 전파하는 근관성 주기 내부파들을 잘 보여주었고, 이와 같이 파장이 긴 종류의 내부파들은 파장이 짧은 단주기의 내부파들과 달리 공간적으로 등방성(isotropic) 특징 을 보이지 않음을 확인시켜 주었다. 또한 대조/소조(spring/neap tides)에 따른 위상과 에너지 그리고 에너지속 변화는 내부조석파들이 중규모 순환과 성층 조건에 따라 크게 굴절할 수 있음을 보여주고 있다. 따라서 인공위성 고도계 자료와 같이 넓은 영역에서 내부조석파 에너지를 추출하여 그 수 평적인 구조를 비교하는 것이 중요함을 시사한다.

해양의 남북 자오면 순환은 그 난류혼합과 밀접한 관련이 있고, 점점 더 분명하게 제시되는 결과들은 심해 혼합의 구조가 주로 내부파의 쇄파 (breaking)에 의해 좌우됨을 보여주고 있다. 더구나 해양 모델에서의 난류 모 수화(parameterization)과 혼합 기작을 이해하기 위해서는 내부파의 에너지 원 천, 전파, 감쇄에 대한 전반적인 이해가 매우 중요해지고 있다. 바람과 조 석, 두 종류의 에너지원으로부터 근관성주기 내부파와 내부조석파가 발 생하여 전파되고 결국 쇄파 과정을 통해 해양의 거대한 순환에 필요한 총 2TW의 혼합 에너지 중 상당 부분이 설명될 것으로 기대되고 있다.

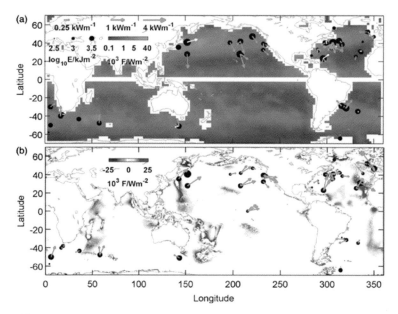

그림 4-4. 전지구 해양의 (a) 근관성주기(near-inertial period) 및 (b) 반일주기(semidiurnal period) 에너지원(source), 에너지 밀도 및 에너지속(flux) 분포. 화살표는 계류 자료들로부터 계산한 수심 적분된 연평균 에너지속으로 그 크기가 0.1kW/m 이상 되는 것만 표시하였고, 색상은 에너지 원천항으로 (a) 바람으로부터 표층 혼합층 준관성주기 운동으로의 연평균 에너지 입력량(Alford, 2003)[25]과 (b) 수치 모형으로 계산된 내부조석으로의 에너지 입력량(Egbert and Ray, 2001)[26] 을 의미한다. Source: Alford and Zhao(2007)[27]

Part 4. 조석파와 난류혼합

25) Alford, H. M., Energy available for ocean mixing redistributed through long-range propagation of internal waves. Nature, 423, 159–163, 2003.

26) Egbert, G. D., and R. D. Ray, Significant dissipation of tidal energy in the deep ocean inferred from satellite altimeter data. Nature, 405, 775–778, 2000.

27) Alford, H. M. and Z. Zhao, Global patterns of low-mode internal wave propagation. Part I: Energy and energy flux. J. Phys. Oceanogr., 37, 1829–1848, 2007.

열대 태평양 감시망

PART 5. 열대 태평양 감시망

"경영이란 성공의 사다리를 얼마나 효율적으로 오를 수 있는 가의 문제이고,
리더십이란 그 사다리가 제대로 된 벽에 기대어 있는 지를 결정하는 문제이다
(Management is efficiency in climbing the ladder of success; leadership
determines whether the ladder is leaning against the right wall)."

- 스테판 코베이(Stephen R. Covey)

열대 태평양 감시망의 태동과 발전

열대 태평양에 대한 인류의 감시 능력은 그 당시까지의 최대 엘니뇨 사건
이었던 1982/83년 엘니뇨[또는 엘니뇨와 남방진동(El Nino and Southern Oscillation;
ENSO)] 당시만 하더라도 엘니뇨가 피크에 도달할 때까지도 이를 감지하거
나 예측할 수 없는 수준에 불과했었다. 이 1982/83년 슈퍼 엘니뇨 사건으
로 지구촌 곳곳에 그 여파가 나타나고 큰 피해를 겪게 되면서 사람들은 열
대 태평양에 대한 감시와 예측, 그리고 엘니뇨에 대한 전반적인 이해도를
높여야한다는 공감대를 가지게 되었는데, 그 직후부터 미 해양기상청 산
하의 태평양 해양환경연구소(Pacific Marine Environmental Laboratory; PMEL)에서
는 적도 태평양 해양기후연구(Equatorial Pacific Ocean Climate Studies; EPOCS) 프
로그램을 통해 최초로 아틀라스(Autonomous Temperature Line Acquisition System;
ATLAS)라고 명명된 심해용 해양 계류 부이를 개발하기 시작했다. 이 계류
부이는 저비용의 심해용 계류선으로서 해표면의 기상은 물론 수중의 해

양환경 파라미터들을 측정하고 인공위성을 통해 실시간으로 그 자료를 전송하고, 특별한 유지·보수 없이도 1년 동안은 지속적으로 이용할 수 있도록 설계되었다. 태평양 해양환경연구소 과학자들은 1984년 초에 아틀라스 부이 시제품을 시험하고, 같은 해 말까지 서경 110도를 따라 열대 태평양에서 여러 대의 아틀라스 부이 계류선들을 배열로 설치했다. 초기 열대 태평양 감시망은 아틀라스 부이 계류선 외에도 표층에 떠다니는 이동형 부이 표층 뜰개(surface drifting buoys) 관측, 검조소의 해수면 관측, 선박 관측 등으로 비교적 간단하게 구성되었다(그림 5-1).

그 이후 1985년부터는 추가적인 아틀라스 부이들을 계류하며 TOGA(Tropical Ocean Global Atmosphere)라는 이름의 10년(1985~1994년) 기간의 국제 공동연구 프로그램을 시작하게 되었다. 이 부이 계류선 배열은 TAO(Tropical Atmosphere Ocean)라는 이름으로 불리며 TOGA 프로그램 전반기 동안 지속적으로 개발되었고, 부이 배열 관측망 개념의 지속성에 대한 검증이 이루어져 초기 열대 태평양 감시망의 핵심적인 부분으로 발전할 수 있었다(그림 5-2). 이 성공 사례를 통해 TOGA 프로그램 후반기에는 TAO를 구성하는 계류선들이 급격히 팽창하여 기후 커뮤니티의 연구와 서비스를 지지할 수 있게 되었다.

거의 70개에 달하는 부이 계류선 배열은 TOGA 프로그램이 끝난 1994년 12월까지도 완전히 달성되지 못했다. 그러나 TOGA 프로그램의 10년 기간 동안 총 400기 이상의 계류 부이가 개발되어 총 6개국 17척의 선박을 통한 83회의 연구조사 크루즈(research cruises)에 사용될 수 있었다. 이와 같은 성취는 미국뿐만 아니라 일본, 프랑스, 대만, 한국과 같은 태평양 주요국 유관 기관들 사이의 다국적 파트너십이 있었기에 가능한 것이었다.

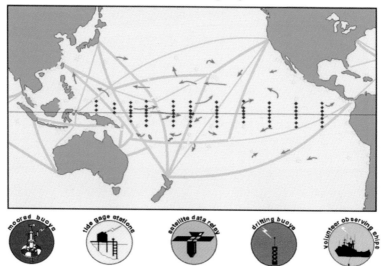

ENSO Observing System

그림 5-1. 1982/83년 엘니뇨 이후 개발된 초기 ENSO 관측망. 초기 관측망은 TAO(Tropical Atmosphere-Ocean) 계류선들(moored buoys)과 표층 뜰개(drifting buoys), 해수면 검조소(tide gage stations), 선박 XBT(volunteer observing ships), 해표면 염분, 해양 기상관측과 인공위성 원격탐사 관측(satellite data relay) 등으로 비교적 간단하게 구성되어 있었다. Source: 미 해양기상청 태평양 해양환경연구소(Pacific Marine Environmental Laboratory; PMEL) 웹페이지[28]

TAO 부이 계류선 배열은 TOGA 프로그램이 끝난 1994년 이후에도 기후변동과 예측(Climate Variability and Predictability; CLIVAR) 프로그램, 전 지구 해양관측체계(Global Ocean Observing System; GOOS) 프로그램, 전 지구 기후 관측체계(Global Climate Observing System; GCOS) 프로그램을 통해 지속될 수 있었다. 1996년에는 미 해양기상청의 연구선(KA'IMIMOANA)이 동경 165도의 동쪽의 모든 TAO 부이 계류선 배열을 전담하게 되었고, 1997년에는 엘

28) http://www.pmel.noaa.gov/tao/elnino/.noaa/gif/enso-obs-sys.gif

니뇨와 남방진동 관측망 운용의 한 부분으로서 장기적인 TAO 부이 계류선 배열 유지와 지속에 대한 미 의회 차원의 승인이 이루어질 수 있었다. 2000년 1월에는 일본 해양연구개발기구(Japan Agency for Marine-Earth Science and Technology; JAMSTEC)[29]에 의해 동경 165도 서쪽에 TRITON(Triangle Trans Ocean Buoy Network)이라 불리는 계류 부이들이 자리잡게 되면서 공식적으로 그 계류선 배열의 이름이 TAO/TRITON으로 변경되었다.

기본적으로 운용되는 TAO/TRITON 배열의 측정 요소에는 해상풍(winds), 해표면 수온(sea surface temperature), 상대습도(relative humidity), 기온(air temperature), 그리고 해양 상층 500m 수심 범위의 여러 관측(특히, 수심 10m에서 측정하는 수온)이 포함되며, 적도 위에 위치한 5개의 계류 부이에서는 유속 또한 측정한다. 기본 운용으로 수집되는 자료만으로 특정 물리적 과정들을 이해하는 연구를 진행하기 곤란한 경우 인공위성 원격탐사 관측 또는 수치 모델의 검/보정을 위해 계류선 또는 측정 요소들을 추가할 수 있는데, 이들은 별도 목적의 연구 과제들을 통해 지원하게 된다. 이러한 별도 연구 과제들은 그 목적에 따라 보통 제한된 기간과 제한된 영역에 대해 실시하며 종종 미 해양기상청 외의 다른 기관들과 협업으로 이루어지게 된다. 1994년에 시작된 아틀라스 부이는 이렇게 운용 목적과 특수 연구 목적의 TAO 계류선 배열 측정을 위해 공학적으로 계속 재설계되며, 관측 능력을 향상시켜 왔다. 개선된 센서 기술과 통신, 전자, 기계 등의 관련 기술 개발에 따라 실시간으로 염분, 강수량, 장/단파 복사량, 기압, 유속 등을 동시에 측정하며 열대 태평양 감시 능력을 지속적으로 향상시킬 수 있었다.

---

29) 일본 해양 및 지구과학기술청(저자 역)

해양관측 기술의 발전은 열대 태평양을 비롯하여 전반적인 해양에 대한 감시 능력을 크게 향상시킬 수 있었는데, 아래에서 오늘날의 열대 태평양 감시망에 대해 좀 더 자세히 알아보기로 한다.

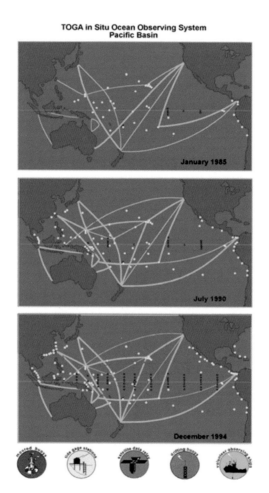

TOGA in Situ Ocean Observing System Pacific Basin

그림 5-2. TOGA(Tropical Ocean Global Atmosphere) 프로그램을 통해 미 해양기상청 태평양 해양 환경연구소(Pacific Marine Environmental Laboratory; PMEL) 주도로 시작된 열대 태평 양 관측망의 발전 과정. (위) TOGA 프로그램이 시작된 1985년 1월, (중간) 1990년 7월, (아래) TOGA 프로그램이 끝난 1994년 12월 각각의 열대 태평양 해양관측망 구축 상황도. Source: McPhaden et al.(1998)[30]

오늘날의 열대 태평양 감시망

오늘날에는 미 해양기상청의 관측체계감시센터(Observing System Monitoring Center; OSMC)를 통해 누구나 전 지구 해양관측망을 통하여 실시간으로 제공되고 있는 종합적인 해양 감시 상황을 파악할 수 있다(그림 5-3). 예를 들어 센터에서 제공되는 웹페이지를 통해 2015년 11월 5일부터 2015년 11월 8일까지의 3일 동안에만 무려 3844개 해양관측 플랫폼으로부터 총 933,618개의 관측 자료가 수집되었음을 알 수 있다. 이처럼 계류 부이 외에도 표층 뜰개, 중층 플로트 등의 다양한 이동형 플랫폼들이 동시에 사용되는 오늘날에는 다양한 무인 해양관측체계[31]의 발달에 힘입어 전반적인 해양감시망이 크게 개선되었고, 이러한 사실은 앞에서 본 것처럼 열대 태평양에서도 예외가 아니었다. 뿐만 아니라 인공위성으로부터 측정되는 원격탐사(remote sensing) 자료들로부터 열대 태평양을 감시하는 기술도 향상되어 왔는데, 미 해양기상청의 OSCAR(Ocean Surface Current Analyses-Realtime) 프로그램[32]이 그 대표적인 예라 할 수 있다. OSCAR 프로그램은 인공위성 고도계(altimeter)와 산란계(scatterometer) 자료로부터 표층의 해류장(ocean surface velocity field)을 처리하는 시스템과 그 자료를 실시간으로 제공하기 위한 센터를 개발할 목적으로 미 항공우주국(National Aeronautics and Space Administration; NASA) 지원으로 시작된 프로그램이다. 표층에서 떠다니며 해류 정보를 제공하는 표층 뜰개와 함께 열대 태평양의 표층해류 추정에 잘 활용되고 있다.

---

30) http://www.pmel.noaa.gov/pubs/outstand/mcph1720/mcph1720.shtml 또는 McPhaden et al., The Tropical Ocean-Global Atmosphere observing system: A decade of progress, Journal of Geophysical Research, 103(C7), 14, 169-14, 240, 1998.

31) 남성현 외, 글로벌 무인해양관측 네트워크 현황과 전망, 바다(한국해양학회지), 19(3), 202-214, 2014.

32) http://www.oscar.noaa.gov/

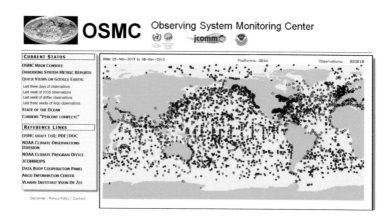

그림 5-3. 미 해양기상청의 관측 체계(observing system) 감시 센터에 나타난 오늘날의 전 지구 해양 관
측망. 2015년 11월 5일부터 2015년 11월 8일까지의 3일 동안 3844개의 플랫폼들로부터 총
933,618개의 관측 자료가 수집되었다. Source: 미 해양기상청 관측체계감시센터(Observing
System Monitoring Center) 웹페이지[33]

열대 태평양 적도 부근의 계류 부이에 장착된 유속계 자료와 수온, 염분
자료를 통해 서쪽으로 흐르는 강한 표층해류인 남적도해류(South Equatorial
Current; SEC)와 각각 표층과 수심 50m 아래에서 강하게 동쪽으로 흐르는 북
적도반류(North Equatorial Countercurrent; NECC) 및 적도반류(Equatorial Undercurrent;
EUC)를 확인할 수 있다. 그림 5-4는 각각 서경 125도, 110도, 90도에서 적
도를 가로지르는 남북 단면을 통해 동서 방향으로 흐르는 유속의 평균적
인 구조를 나타내는데, 서경 125도와 110도에서 적도 바로 북쪽과 남쪽에
보이는 표층 서향류(파란색, 남적도해류에 해당) 및 그 아래의 강한 동향류(붉은
색, 적도반류에 해당)를 볼 수 있다.

---

33) http://www.osmc.noaa.gov/

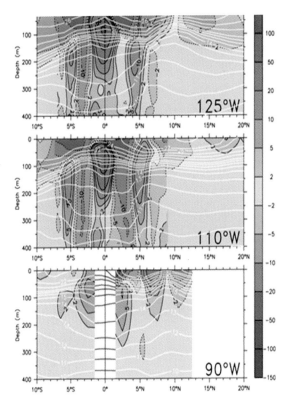

그림 5-4. (위) 서경 125도, (중간) 110도, (아래) 90도에서 적도를 가로지르는 남북 단면을 통해 동서 방향
으로 흐르는 평균 유속(붉은색 계열은 동향류, 파란색 계열은 서향류를 나타내며, 검정색 숫자는
cm/s 해당한다)과 수온(등치선, 흰색 숫자는 섭씨온도에 해당한다) 구조. 위도 8도 이내(남위 8도
부터 북위 8도) 영역에서는 직접 측정된 유속 자료가, 그 외의 영역에서는 수온, 염분으로부터 추
정한 유속 자료가 사용되었다. Source: Kessler(2006)[34]

34) http://www.pmel.noaa.gov/pubs/outstand/kess2580/kess2580.shtml 또는 Kessler, W. S. The cir-
culation of the eastern tropical Pacific: A review, Prog. Oceanogr., 69, 181-217, 2006.

OSCAR 프로그램을 통해 만들어진 격자화된 표층해류장은 앞에서 살펴본 것보다 훨씬 넓은 전 지구적인 관점에서 열대 태평양의 해류 변동이 가지는 의미, 특히 엘니뇨−남방진동 등으로 인한 경년변동에서 열대 태평양 해류 변동이 가지는 중요성을 잘 보여준다. 이를테면 잘 알려진 1997-1998년 엘니뇨 기간 동안 남적도해류와 북적도반류 등 적도해류 시스템의 구조에 큰 변동이 나타났는데, 1996년 7월에는 적도 부근에서 남적도해류에 의한 강한 서향류(파란색)가 우세하다가, 엘니뇨가 발생하면서 1997년 7월에는 반류가 강화되면 동향류(붉은색)가 우세해졌고, 라니냐로 전환되면서 다시 1998년 7월에는 강한 서향류(파란색)가 우세하게 나타난 변화들을 확인할 수 있다(그림 5-5 위). 특히, 전 지구적인 표층해류장의 변동 중에서 엘니뇨−남방진동과 연관된 성분만을 추출하는 경우, 주로 열대 태평양에서 강한 동서 방향 해류 변화가 나타나는 것을 알 수 있다(그림 5-5 아래). 이렇게 엘니뇨와 연관된 강한 동서 방향의 해수 수송 및 해류 구조 변화는 수온의 경년변동에 큰 영향을 미치며, 따라서 해표면 수온의 영향이 크게 미치는 열대 해역의 대기 순환과 나아가 기후변동에까지 지대한 영향을 미치게 된다. 2015년 9월 초 현재 OSCAR 프로그램의 웹페이지를 통해 제공되고 있는 표층해류의 구조는 뚜렷한 엘니뇨가 나타났던 1997년 여름철의 경우와 같이 적도 부근에 강한 동향류를 보이며, 태평양 해양 환경연구실 웹페이지를 통해 제공되고 있는 TAO 부이 계류선 배열의 수온 자료로부터 평년보다 섭씨 3도 이상 높은 이상 수온 현상이 열대 동태평양에 발생하고 있는 것을 확인할 수 있다(그림 5-6).

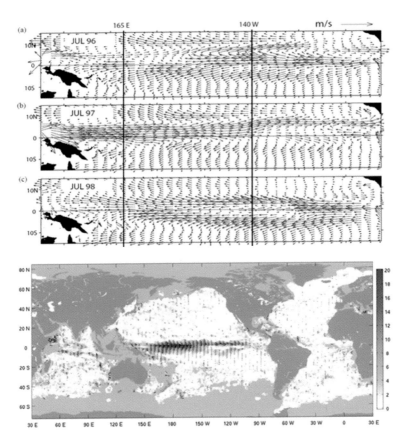

그림 5-5. (위) OSCAR 프로그램의 원격탐사 자료를 통해 밝혀진 열대 태평양 7월의 평균적인 (a) 1996년, (b) 1997년, (c) 1998년 표층해류장. Source: Duke et al.(2011)[35] (아래) 엘니뇨−남방진동과 연관된 표층 해류 유속 세기(색상, 단위: cm/s). 화살표 방향은 엘니뇨에 해당하는 유향을 나타내며 그 크기가 통계적으로 유의하지 않은 경우에는 표시하지 않았다. 회색은 해당 격자 내에 표층 뜰개의 수가 충분하지 않은 경우를 나타낸다. Source: Lumpkin and Johnson(2013)[36]

35) Duke et al., Do periodic consolidations of Pacific countercurrents trigger global cooling by equatorially symmetric La Nina?, Climate of the Past Discussions, 6, 905-961, 2010.

36) Lumpkin, R., and G. C. Johnson, Global ocean surface velocities from drifters: Mean, variance, El Nino–Southern Oscillation response, and seasonal cycle, J. Geophys. Res. Oceans, 118, 2992–3006, doi:10.1002/jgrc.20210, 2013.

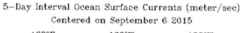

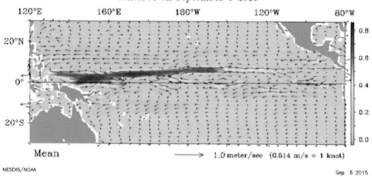

그림 5-6. (위) 뚜렷한 엘니뇨가 발생했던 1997년 여름철의 경우와 같이 적도 부근에서 강한 동향류(붉은색)가
발달한 구조를 보이고 있는 2015년 9월 5일 현재의 최근 5일 평균 표층 해류 구조. Source: 미 해
양기상청 OSCAR(Ocean Surface Current Analyses-Realtime) 프로그램의 웹페이지.[37] (아
래) TAO/TRITON 부이 계류선 배열 자료로부터 실시간으로 도시되고 있는 2015년 9월 4일 현재의
열대 태평양 최근 5일 평균 표층수온(색상, 섭씨) 및 해상풍(화살표, m/s) 구조와 이로부터 계절변동
을 제거한 이상 치(temperature anomaly 및 wind anomaly) 구조. Source: 미 해양기상청 태
평양 해양환경연구소(Pacific Marine Environmental Laboratory; PMEL) 웹페이지[38]

---

37) http://www.oscar.noaa.gov/
38) http://www.pmel.noaa.gov/tao/jsdisplay/

그러나 열대 태평양 감시망 구성의 핵심 요소인 TAO/TRITON 계류 부이 배열로부터 수집되는 자료들은 2008년 세계 금융위기 이후 비용 등의 문제로 2010년대 중반부터 그 회수율이 절반 이하의 수준으로 급격하게 떨어지면서 지속적인 유지에 대한 위기감이 고조된 바 있다. 또한 최근 일본 해양연구개발기구(JAMSTEC)에서는 TRITON 계류 부이의 축소 계획을 발표하고 있다. 결국 정부 간 해양학위원회(Intergovernmental Oceanographic Commission)에서는 2014년 1월에 미 스크립스 해양연구소(Scripps Institution of Oceanography)에서 열대 태평양 관측망(Tropical Pacific Ocean Observing System; TPOS) 2020이라 명명된 워크숍을 개최하고 13개국 35개 해양관측 관련 기관의 전문가와 대표들을 소집하였다. 이 워크숍 결과로 총 14개의 백서와 9개의 기관의 발표들이 진행되었는데, 이때 국제적인 협력을 통해 열대 태평양의 감시 능력을 2020년까지는 다시 회복시키기 위한 공동 노력에 대한 토의도 동시에 진행되었다. 열대 태평양 감시망과 관련된 전망과 남겨진 과제에 대해서는 PART 6에서 좀 더 생각해 보기로 한다.

Part **6**

전망과 과제

PART 6. 전망과 과제

"쉽게 이루어지기 전까지는 모든 일이 어렵다
(Everything is hard before it's easy)."

- 요한 볼프강 본 괴테(Johann Wolfgang Von Goethe)

열대 태평양 감시망

엘니뇨를 비롯한 전 지구적 기후변동을 이해하고 예측하며 대응책을 수립하기 전에 보다 근본적으로 열대 태평양에 대한 우리의 감시 능력부터 높이는 것이 중요함은 두말할 필요가 없을 것이다. 그러나 열대 태평양 감시망의 핵심 요소인 TAO/TRITON 계류 부이 배열로부터 수집되는 자료들의 회수율이 급격히 떨어진 오늘날 이러한 감시망 유지에 대한 위기감이 고조되면서, 급기야 2014년 1월에는 정부 간 해양학위원회(Intergovernmental Oceanographic Commission)에서 열대 태평양 관측망(Tropical Pacific Ocean Observing System; TPOS) 2020 이라 명명된 워크숍을 개최하게 되었다. 이 워크숍을 통해 13개국 35개 해양관측 관련 기관의 전문가와 대표들은 스크립스 해양연구소(Scripps Institution of Oceanography)에 모여서 열대 태평양의 감시 능력을 2020년까지 다시 회복시키기 위해 남겨진 과제가 무엇인지를 논의했다.[39]

---

39) TPOS-2020 Workshop
   http://ioc-unesco.org/index.php?option=com_oe&task=viewEventDocs&eventID=1383

열대 태평양은 육지로부터 멀리 떨어져 있어서 접근성이 매우 떨어지기 때문에 TAO/TRITON 계류 부이 배열을 유지 · 보수하기 위해서는 선박을 직접 보내는 막대한 비용을 감당해야만 한다. 특히 해적이나 어로 활동 등의 여러 이유로 부이의 파손이 종종 발생하기 때문에 선박을 계속 보내서 보수하지 않으면 파손되었거나 방전된 센서로부터의 자료 회수가 이루어지지 않게 되어 자료 회수율이 떨어지게 된다. 2014년 1월 현재 TAO/TRITON 계류 부이 배열은 총 67개의 계류 부이들(미국이 유지하는 55개의 TAO 계류 부이들과 일본이 유지하는 12개의 TRITON 계류 부이들)로 구성되어 있으며, 연중 대략 280일의 운항일수를 가지는 전용선 Ka'imimoana(KA)을 운용하고 있는 미 해양기상청에서는 각 계류 부이를 6, 8개월 간격으로 방문하며 12, 16개월마다 교체하는 전략을 세우고 있다. 미 해양기상청에서는 2012년 중반까지 자료 회수율을 80% 이상 유지해왔으나, 그 이후 급격히 떨어졌다가 최근에야 다시 회복할 수 있었다. 좀 더 빠른 선박을 활용하거나 교체 주기를 더 길게 할 수 있다면 이 280일의 운항일수는 줄어들 수도 있을 것이며, 이것은 센서와 배터리의 수명을 늘이는 기술적인 노력 외에도 어선 등에 의한 심각한 파손을 줄이기 위한 노력과도 관련되어 있다.

일본의 경우에는 연구선 Mirai호의 연간 60~100일의 운항일수(연간 240만~400만 미국 달러 또는 원화로 약 26억~45억 원)로 TRITON 계류 부이들을 유지 · 보수하는데, 기술적인 개선에 따라 그 비용이 절반 정도로 감소했다. 즉, 지질학 · 지진학을 포함한 다른 학계의 수요에 따른 운항일수 감축(2014년 현재 총 280일에서 190일 수준)을 기술적인 개선을 통해 극복하고 있는 셈이다. 일본 정부는 계류 부이의 교체 주기를 1년에서 18개월로 늘리고, 동경 130도를 따르는 관측선과 두 개의 추가적인 정점들에서의 측정도 중단할 계획이다.

이러한 배경에서 열린 열대 태평양 관측망 2020 워크숍은 열대 태평양의 감시 능력을 2020년까지 다시 회복시키기 위해 우리에게 남겨진 과제가 무엇인지 생각해 볼 수 있는 좋은 기회가 되었다.

제한된 비용으로 인류의 열대 태평양 감시 능력을 최대로 만들기 위해서는 무엇보다도 여러 관련 기술의 발전에 힘입은 첨단 해양관측 기술을 열대 태평양에 적용하는 것이 중요하다. 여기서는 2020년까지 열대 태평양 감시 능력을 회복하기 위한 시스템의 요구 조건을 조사하고, 현재와 가까운 장래에 적용 가능한 주요 해양관측 기술들을 검토하며, 마지막으로 열대 태평양 감시 능력 확충을 위한 국제적, 조직적 문제에 대해 생각해 보기로 한다.

가장 우선적으로 열대 태평양 관측망이라는 시스템을 구축하기 위해서는 요구 조건부터 생각해 볼 필요가 있는데, 이는 존재하는 해양 현상들의 시공간 규모를 고려하여 결정해야 할 사항이면서, 동시에 요구되는 조건과 경제적인 이유 등에 따른 실현가능성 사이에서 끊임없이 절충하는 노력이 필요한 부분이기도 하다. 그럼에도 불구하고, 크게 3가지로 요구 조건들을 생각해 볼 수 있다. 첫째는, 광역의 관측이 되어야 한다는 점이다. 국지적 혹은 지역적인 규모로만 적용 가능한 기술이 아니라 열대 태평양 전체에 걸쳐 적용 가능해야 함은 두말할 나위가 없다. 하나의 예로 현재와 같은 TAO/TRITON 계류 부이 배열 형태의 관측을 고려할 때에도 적절한 간격으로 열대 태평양 전체에 고루 분포할 수 있어야 한다. 둘째, 고분해능의 관측이어야 한다는 것이다. 충분한 시간 및 공간 분해능으로 측정하지 않으면 열대 태평양에 나타나는 현상을 제대로 감시할 수 없기 때문이다. 셋째로는 그 정확성을 꼽을 수 있는데, 많은 무인 자동 관측 플랫폼 각각의 기술적인 문제들을 해결하여 심해의 정밀한 변화나 수십 년 동안 일어나는 작은 변화까지 감지할 수 있어야만 할 것이다.

현재 열대 태평양의 수온, 염분, 유속 등을 지속적으로 측정하고 있는 플
랫폼 또는 프로그램들은 다음의 6종류로 구분할 수 있다.

1) TAO/TRITON 계류 부이 배열: 앞에 소개한 것과 같이 고정점에 설치
   한 부이와 그 계류선에 수심별로 센서들을 부착하여 그 시간 변화를
   측정

2) 반복 해양관측(Repeat Hydrography): TAO/TRITON 계류 부이의 유지, 보
   수를 위한 선박 사용 시 선박에 부착된 센서들과 정점에서의 선박 관
   측을 통한 반복 해양관측

3) 아르고(ARGO) 중층 프로파일러(profiler) 프로그램: 해류를 따라 이동하
   면서 정해진 수심(주로 2000m의 압력)까지 오르고 내리기를 반복하며 수
   직적인 프로파일링 관측을 수행하는 이동형 무인 관측 중층 프로파
   일러들의 네트워크 프로그램

4) 표층 뜰개(surface drifter) 프로그램: 표층에서 해류를 따라 이동하면서
   그 위치변화를 통해 표층해류를 측정하고 해표면 수온을 동시에 측
   정하는 표층 뜰개들의 네트워크 프로그램

5) 자원선박(VOS) 표층 염분 관측 프로그램: 정해진 항로를 따라 정기적
   으로 이동하는 여객선 등의 선박에 부착한 염분 센서를 통해 표층 염
   분을 지속적으로 관측하는 프로그램

6) 자원선박 소모성수온수심기록계(XBT) 네트워크 프로그램: 정해진 항
   로를 따라 정기적으로 이동하는 여객선 등의 선박에 부착한 XBT 센
   서를 통해 수직적인 수온 구조를 지속적으로 관측하는 프로그램

가까운 장래에 열대 태평양 감시망으로 적용 가능한 현실적인 해양 관측 기술들 중에서 대표적으로 언급할 수 있는 몇 가지는 다음과 같다.

1) 생지화학 아르고 중층 프로파일러 기술(Bio-ARGO): 해류를 따라 이동하며 수심 2,000m까지 오르내리는 ARGO 플로트에 용존산소, 산도, 영양염, 이산화탄소 분압 등의 생지화학 센서들을 통합하여 측정 변수를 늘이는 기술

2) 심해 프로파일러(APEX Deep) 기술: 해류를 따라 이동하며 수심 6,000m까지 프로파일링을 하여 자료가 부족한 심해의 환경 변수들을 측정하는 기술

3) 항공기 투하 계류 기술: 이미 중층 프로파일러는 항공기에서 투하하는 기술이 성공적으로 시험된 바 있는데, 계류 부이도 항공기로부터 투하할 수 있다면 계류 부이 배열 유지 비용을 획기적으로 줄일 수 있는 기술

4) 수중 글라이더(Underwater glider) 운용 기술: 최근에는 여러 종류의 수중 글라이더(Spray glider, Slocum glider, Seaglider)가 개발되어 사용되고 있는데 (그림 6-1), 이들은 잠수와 부상을 반복하며 정해진 경로를 따라 반복하여 이동할 수 있기 때문에 부착된 센서들로부터 특정 관측선 등을 반복 관측하여 시간적인 변화를 측정

5) 수중 계류선의 프로파일링과 수중 통신을 이용한 자료 전송 기술: 이동형과 달리 고정형의 플랫폼에서도 특정 수심에 센서를 부착하는 것이 아니라 계류선을 따라 오르고 내리면서 수직적인 프로파일링을 반복할 수 있는 관측 기술이 개발되고 있는데, 여기서 수집된 자료는 수중 통신을 통해 인근의 수중 글라이더에 전송하고 다시 수중 글라이더가 표층에 부상하여 인공위성을 통해 실시간 전송되도록 하는

기술. 특히, 파력에너지를 이용하여 배터리 공급 없이 프로파일링을
무한 반복하거나 수중 윈치(winch)를 사용하여 계류선 자체를 감았다
가 풀었다가를 반복하는 형태의 수중 계류선 프로파일러들이 개발되
고 있음(그림 6-2)

6) 표층무인기(Unmanned Surface Vessels; USV) 기술: 파력 글라이더(wave glider)
나 무인선 (sailing vehicles) 또는 항해용 드론(saildrone)과 같은 무인기를
활용하는 관측 기술로서, 그림 6-3은 파력 글라이더의 구성 개념도를
나타냄

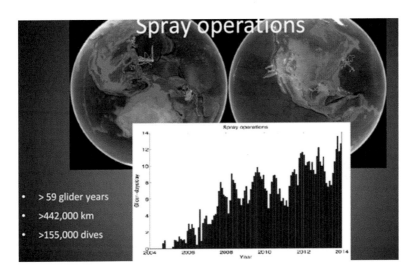

그림 6-1. 수중 글라이더(Spray underwater glider) 운용의 예. 2014년 현재 59개 이상의 수중 글라이
더들이 총 155,000회 이상의 잠수를 통해 총 442,000km 이상을 거리를 이동하며 관측을 수행
했다. 위 그림의 주황색은 대만과 필리핀 사이의 루손해협(Luzon Strait), 열대 서태평양, 파푸아
뉴기니—솔로몬 해(Solomon Sea), 하와이 인근, 캘리포니아 연해, 멕시코만(Gulf of Mexico),
미 북동부 연해에 나타낸 이동 경로이고, 아래 그래프는 2004년부터 2014년까지 수중 글라이더
의 운용 일수를 나타낸다. Source: Meining et al.(2014)[40]

40) Meining et al., Emerging Technology: Requirements, readiness, and integration for TPOS 2020,
TPOS-2020 Workshop in Scripps Institution of Oceanography, 2014.

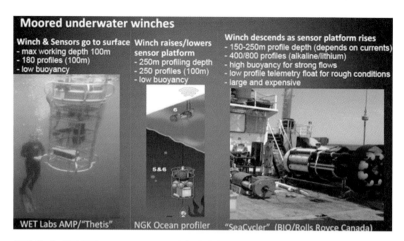

그림 6-2. 수중 윈치(underwater winch)의 예. (좌) WET Labs에서 개발한 "Thetis", (중) NGK Ocean Profiler, (우) 캐나다 BIO와 Rolls Royce가 개발한 "SeaCycler"를 나타낸다. Source: Meining et al.(2014)[41]

그러나 어떠한 단일 해양관측 플랫폼이나 센서도 그것 하나만으로는 시공간적으로 변화하는 열대 태평양 환경을 감시하기에 여러 제약과 제한점이 따르기 때문에 여러 종류의 플랫폼과 센서를 동시에 사용하고 이를 통합하는 관측망을 최적으로 구성하는 것이 필요하다. 단일 접근 방법만으로는 열대 태평양 감시 능력에 분명한 한계가 존재할 수밖에 없다. 해양관측을 위한 여러 서로 다른 종류의 접근 방법들을 함께 네트워크로 구성하여 상생 효과를 동시에 활용할 때에야 열대 태평양 감시 능력을 최대로 향상시킬 수 있을 것이다.

아울러 이러한 해양관측 기술 발전과 함께 고려해야 할 것은 조직적인 문제이다. 열대 태평양은 특정 국가나 기관의 소유가 아닌 인류 공동의 자산이며, 열대 태평양에 대한 감시 능력 회복이 어느 특정 국가나 기관에만

41) Meining et al., Emerging Technology: Requirements, readiness, and integration for TPOS 2020, TPOS-2020 Workshop in Scripps Institution of Oceanography, 2014.

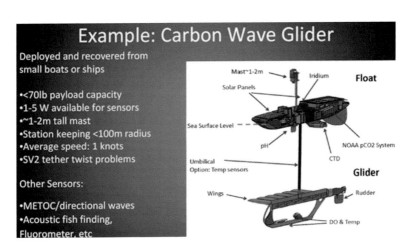

그림 6-3. 파력 글라이더(Carbon Wave Glider)의 예. Source: Meining et al.(2014)[42]

유익을 제공하는 것이 아닌 만큼 이를 유지하고 지속하기 위한 노력 또한 특정 국가나 기관에만 요구하는 것은 바람직하지 못하다 할 것이다. 물론 국가 간의 경제력, 기술력 차이와 기관의 고유 업무와 특성에 따른 차이를 고려하는 것이 불가피하지만 국제적인 틀에서 조정하고 파트너 국가 혹은 기관 사이의 지속적인 협력을 통해 상생의 묘를 살리는 최적의 고효율 장기 감시망을 열대 태평양에 구축 및 유지하기 위한 노력이 가시화될 것으로 전망된다.

열대 태평양의 에너지

열대 태평양을 잘 감시하여 엘니뇨와 같은 기후변동을 미리 예측하고 이에 적절한 대응책을 수립하려는 노력 이외에도 열대 태평양을 활용하려

42) Meining et al. Emerging Technology: Requirements, readiness, and integration for TPOS 2020, TPOS-2020 Workshop in Scripps Institution of Oceanography, 2014.

는 다양한 노력들이 진행 중이라 할 수 있는데, 여기서는 해양에너지 분야의 활용과 관련된 해수온도차 발전(Ocean Thermal Energy Conversion; OTEC)에 대해 소개하려고 한다. 하와이의 마카이 해양공학(Makai Ocean Engineering)은 하와이 자연에너지연구소(Natural Energy Laboratory of Hawaii Authority; NELHA)를 통해 일찍부터 해수온도차 발전 노력을 진행해온 가장 대표적인 해수온도차 발전 회사라 할 수 있다. 1974년 해수온도차 발전 연구를 시작한 이래 4개의 심해 파이프라인들을 설치하여 수온 차이가 섭씨 20도 이상 나도록 만든 테스트 시설을 록히드 마틴(Lockheed Martin)사와 설치하고, 20년 이상 연구·개발하며 운영하고 있다(그림 6-4). 자연적으로 변화하는 해수온도차를 이용한 전력 생산에 대한 꿈과 계획 그리고 심지어 상업적인 시도가 100년 전부터 지속되어 왔으나, 여러 기술적 문제들을 해결하면서 해수온도차 발전이 더 이상 꿈이 아닌 효율적이며 실용적인 발전소로 발전할 수 있었던 것은 최근의 일이다. 과연 해수온도차가 재생에너지원이 될 수 있을까? 혹자는 말한다. 태양이 존재하고 해양의 열염분순환이 지속되는 한 해수온도차는 지속 가능한 재생에너지원이라고.

열대 태평양 상층(예: 수심 20m)의 수온은 하와이 인근에서 종종 섭씨 25도 이상으로 잘 유지되는데 비해 수심 1,000m의 심해에서는 약 섭씨 4.5도 정도로 그 차이가 섭씨 20도 이상에 달할 수 있다(그림 6-5). 현재의 발전 기술에 따르면 이 경우 약 10MW 이상의 전력 생산까지 가능하다고 한다. 최대의 해수온도차 발전량은 500MW급 발전소 10,000개로 추산하는 경우 5TW에 달해 2025년까지 전망되는 하와이 전력 수요의 두 배에 달할 것으로 보인다. 2015년 8월 현재 마카이 해양공학에 의해 운영되고 있는 해수온도차 발전은 미국 전력 그리드(electrical grid)에도 실제 연결되었으며 105kW(약 120가구에서 필요한 전력량)까지 전력을 생산할 수 있다고 한다.

해수온도차 발전은 그 외에도 영양염이 풍부한 심층수와 같은 부산물을 제공하고, 담수화를 통해 식수 등을 만들며, 심층에서 끌어올린 차가운 해수는 냉방 목적으로 사용되기도 한다. 또, 심해 파이프라인 주변 토양을 차게 하여 농업에도 활용할 수 있으며, 수산물 양식이나 수소 및 광물자원 생산 목적으로도 활용할 수 있다고 한다. 열대 태평양의 다양한 에너지를 활용하려는 인류의 노력은 앞으로도 가속화될 것을 쉽게 전망할 수 있다.

열대 태평양, 과학으로 답하다

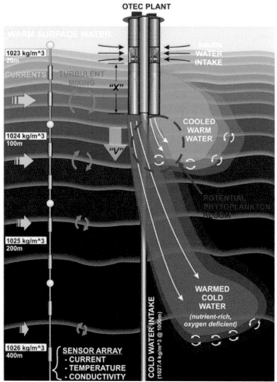

그림 6-4. 마카이(Makai) 해수온도차 발전(Ocean Thermal Energy Conversion; OTEC) 시설과 그 발전 모식도.[43] 심해로의 파이프라인을 연결하여 낮은 수온(섭씨 4.5℃)의 1000m 수심 해수와 높은 수온 (섭씨 25℃)의 20m 수심 해수 사이에 존재하는 해수 온도 차를 이용하여 발전한다.

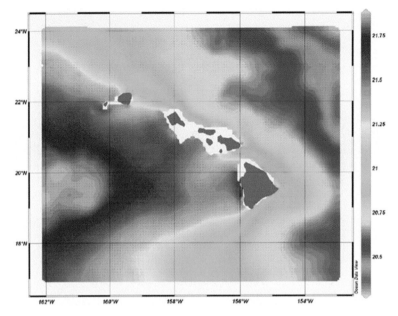

그림 6-5. 하와이 인근에서 수심 20m와 수심 1000m 사이의 수온 차 분포. 2007년 7월 1일부터 2009년 6
월 30일까지 해양순환모델링 결과(HYCOM+NCODA)의 예[44]

43) http://www.makai.com

44) Locarnini RA, Mishonov AV, Antonov JI, Boyer TP, Garcia HE, NOAA atlas NESDIS 61. In:
Levitus S (ed) World ocean atlas 2005: temperature, vol 1. U.S. Government Printing Office,
Washington, DC, 182 pp, 2006.

부록:
하와이를 여행하는 이를 위한 팁!

하와이 여행을 준비하는 지인들에게 가장 많이 받는 질문은 하와이의 계절이나 날씨에 대한 것이다. 하와이의 위치적 특성 때문에 한국과는 매우 다른 계절 특성을 보이니 당연한 궁금증이라고 생각한다. 사계절이 뚜렷하고 중위도의 중규모 대기 운동에 의해 날씨가 결정되는 한국과는 다르게 하와이는 계절 특색이 미비하고 지엽적이며 짧은 소나기 같은 강수 특색을 보인다. 해가 쨍쨍한데 그 옆에서는 비가 흩날리는 기묘한 일이 자주 발생하기 때문에 무지개를 쉽게 만날 수 있다. 이런 "호랑이 장가가는 날" 같은 강수와 무지개 때문에 하와이 주의 별명이 무지개주(Rainbow State)이고 자동차 번호판에도 무지개가 그려져 있다. 하와이를 여행할 때, 비가 온다고 너무 실망할 필요는 없다. 곧 무지개를 보게 될지도 모르고 또 그 비는 금방 그칠 테니 말이다. 하와이의 날씨에 대해서 앞에서 이야기한 열대 태평양 특성과 결합해서 좀 더 살펴보자.

하와이의 기후를 좌우하는 가장 중요한 세 가지는 무역풍, 지형효과, 그리고 해류풍이다. 우선, 무역풍은 건조하고 시원한 바람을 하와이에 공급하는 역할을 한다. 상대적으로 무역풍이 강화되는 여름철 (5월~10월)이 습도도 낮고 비도 적게 와서 하와이를 여행하기에 좋은 계절이고, 겨울철(11월~4월)은 상대적으로 비가 많이 오는 우기이다. 우기라고는 하지만 한국의 장마처럼 지속적인 비가 내린다는 의미는 아니고 상대적으로 비가 오는 날이 많다는 뜻이니 겨울에 여행하게 된다고 해도 너무 걱정할 필요는 없다. 겨울철 낮 기온이 27℃ 정도로 물놀이를 충분히 즐길 수 있을 정도로 따뜻하다. 다만, 비가 오거나 저녁이 되면 쌀쌀한 날들이 있으니 얇은 긴팔 정도는 준비하는 것이 좋다.

하와이 섬 대부분이 동쪽에 높은 산맥이 위치하고 있고 서쪽은 상대적으로 완만한 지형적 특성을 갖고 있다. 산맥을 중심으로 무역풍이 불어오는 동쪽(풍상층: windward)과 산맥을 넘은 바람의 영향을 받는 서쪽(풍하층: leeward)은 큰 차이를 보인다. 풍상층은 공기가 산맥을 따라 상승하면서 수증기가 응결되어 강수량이 많다. 이에 반해, 풍하층은 수증기를 모두 잃고 건조해진 공기의 영향을 받아 강수량이 적다(그림 7-1). 서울의 연중 강수량이 1450mm인 것을 생각할 때, 와이키키는 600mm 정도로 서울의 절반도 되지 않지만, 풍상층에 위치한 힐로는 5000mm 가량으로 서울의 3배 정도된다. 이런 이유로, 와이키키를 포함한 하와이의 유명한 관광지들은 모두 강수량이 적은 서쪽 해안에 위치하고 있다.

하와이는 꽤나 강한 일주기 변동을 보여주는데, 그 이유는 해류풍 때문이다. 오후에는 섬 내륙이 주변 바다보다 따뜻하기 때문에 해안에서 육지로 바람이 불어오고, 새벽에는 바다가 내륙보다 따뜻하기 때문에 육지에서 바다로 바람이 불어나가는 바람의 일주기 운동이 나타난다. 동쪽 해안을 예로 들면, 새벽에는 습한 해풍으로 인해 강수가 빈번히 나타난다. 동쪽 해안 지역에는 거의 항상 아침에 가볍게라도 비가 온다고 할 정도로 아침 강수가 일반적이다. 이에 반해, 오후에는 건조한 육풍이 불어 상대적으로 강수가 적게 나타난다.

해륙풍이 만든 하나의 선물은 코나(Kona)커피이다. 코나커피는 하와이 특산품 중에 하나로, 빅아일랜드의 코나에서 생산되는 커피이다. 커피는 연중 따뜻하고 햇볕이 강한 지역에서 재배되며 화산토에서 잘 자란다. 모든 조건을 갖춘 하와이의 서쪽 지역은 커피를 재배하기에 이상적이기 때문에 코나뿐 아니라 하와이의 여러 곳에 커피를 생산하고 있다. 그중에서도 코나가 가장 이상적인 커피 생산지인 이유는 오후에 서쪽에서 내륙으로 불어오던 바람이 코나 지역의 경사면과 만나 구름을 형성하고 적절한 강수를 만들어내기 때문이다. 오전에 충분히 햇빛을 쐬고, 오후에 적당한 그늘과 강수로 커피나무가 자라기에 가장 이상적인 환경을 만들어낸다. 오후 그늘은 커피나무가 너무 과열되어서 잎이 타 들어가는 것을 방지해주고, 적절량의 강수가 커피 생장에 알맞은 수분도 공급해준다. 이런 기후 조건 덕분에 코나 커피는 세계 3대 커피라고 불릴 정도의 양질을 자랑하게 되었다. 코나 지역을 방문하게 된다면, 무료로 진행되는 커피 농장 투어에 참여해 보기를 권한다.

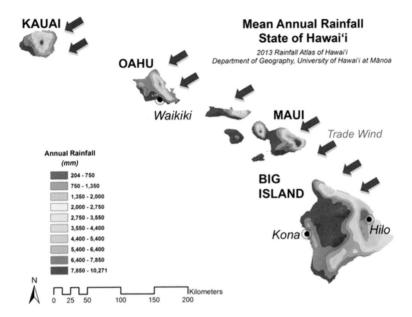

KAUAI

Mean Annual Rainfall
State of Hawai'i

2013 Rainfall Atlas of Hawai'i
Department of Geography, University of Hawai'i at Mānoa

OAHU

Waikiki

MAUI

Trade Wind

Annual Rainfall
(mm)

■	204 - 750
■	750 - 1,350
■	1,350 - 2,000
■	2,000 - 2,750
■	2,750 - 3,550
■	3,550 - 4,400
■	4,400 - 5,400
■	5,400 - 6,400
■	6,400 - 7,850
■	7,850 - 10,271

BIG
ISLAND

Kona *Hilo*

N

0 25 50   100   150   200 Kilometers

그림 7-1. 하와이 섬들의 연중 강수량[45]

45) http://rainfall.geography.hawaii.edu/howtocite.html
    Frazier, A. G., Giambelluca, T. W., Diaz, H. F. and Needham, H. L., Comparison of geostatistical approaches to spatially interpolate month-year rainfall for the Hawaiian Islands. Int. J. Climatol.. doi: 10.1002/joc. 4437, 2015.

에필로그

"엄청난 기회를 기다리지 마라. 평범한 기회를 포착하여 그것을 위대한 기회
로 만들어라. 약자는 기회를 기다리고, 강자는 그것을 만들어낸다
(Don't wait for extraordinary opportunities. Seize common occasions and
make them great. Weak men wait for opportunities, strong men make them)."
- 오리슨 스웨트 마덴(Orison Swett Marden)

시리즈의 전편들에 이어 이번에는 엘니뇨로 잘 알려진 열대 태평양 이야기
를 풀어내고자 저자들 나름대로 고심해 보았다. 그러나 원고를 다듬으면서
느끼는 점은 이번에도 저자들의 역량이 부족한 나머지 열대 태평양에서 벌
어지고 있는 과학적 현상들을 충분히 독자들께 전달하지 못한 것은 아닐까
하는 우려였다. 물론 이 책이 우리가 생각할 수 있는 모든 열대 태평양의 궁
금증들을 해소할 수 없을 것임은 분명하다. 눈앞에 펼쳐진 바다 속에서 과연
무슨 일이 일어나고 있으며, 내가 즐기고 있는 그 태양빛이 바다에 어떤 변
화를 주어 바람이 불고 구름이 오고 비를 뿌리는지, 또 이러한 열대의 기후
변화들이 어떻게 중위도의 한반도에 사는 우리 일상에까지 영향을 미치게
되는지, 나아가 우리가 이제껏 살아왔고 또 앞으로도 계속해서 살아가야 할
지구의 건강을 유지하기 위해서 열대 태평양의 과학을 이해하고 분석 · 예
측하는 일이 왜 그토록 중요한지……. 그럼에도 불구하고 저자들은 이 책을
통해 열대 태평양에 대해 한 번 생각해 볼 수 있는 여유를 제공하는 기회가

되어 조금이나마 과학적 발견들과 도출 과bb정에 드러나는 과학정신이 깃들 수 있는 계기가 될 수만 있다면 더 이상 바랄 것이 없을 것이다.

일상에서 벗어나 열대의 푸른 바다가 넓게 펼쳐진 섬에서 누리는 휴양을 마다할 사람은 아마 아무도 없을 것이다. 그러나 그러한 열대의 휴양지조차 과학적 발견과 실험을 위한 기착지의 하나로 여기고 열대 태평양 속에 감추어진 비밀들을 하나 더 벗겨내는 노력들이 지금까지 지속되었기 때문에 오늘날 여러 지구환경의 과학적 문제들을 풀어내는 실마리라도 찾게 된 것이 아닌가 한다. 여전히 갈 길은 멀다. 이제까지 열대 태평양에서 밝혀진 과학적 발견들은, 앞으로 열대 태평양을 잘 이해하고 본격적으로 활용하기 위해 새롭게 밝혀내야 할 발견에 비하면 그리 많은 것이 아니다. 끝으로 현장에서 오늘도 묵묵히 열대 태평양 연구를 수행하고 계신 모든 과학자들께 다시 한 번 감사드리며 이 책이 그러한 노력에 작은 보탬이 되길 바란다.

2015년 11월
저자 남성현, 윤진희

열대 태평양,
과학으로
답하다

초판인쇄   2016년 3월 11일
초판발행   2016년 3월 11일

지은이   남성현 · 윤진희
펴낸이   채종준

펴낸곳   한국학술정보(주)
주소   경기도 파주시 회동길230(문발동 513-5)
전화   031) 908-3181(대표)
팩스   031) 908-3189
홈페이지   http://ebook.kstudy.com
E-mail   출판사업부 publish@kstudy.com
등록   제일산-115호(2000.6.19)

ISBN   978-89-268-7204-8 93530